危险化学品
应急救援指导手册

黄兆杰 焦安浩 张久勇 等◎编著

四川科学技术出版社

图书在版编目(CIP)数据

危险化学品应急救援指导手册 / 黄兆杰等编著. --
成都：四川科学技术出版社，2023.10
ISBN 978-7-5727-1126-8

Ⅰ.①危… Ⅱ.①黄… Ⅲ.①化工产品 – 危险物品管
理 – 事故处理 – 手册 Ⅳ.①TQ086.5-62

中国国家版本馆CIP数据核字(2023)第179404号

危险化学品应急救援指导手册
WEIXIAN HUAXUEPIN YINGJI JIUYUAN ZHIDAO SHOUCE

编 著 者	黄兆杰　焦安浩　张久勇　胡文飞　孙承权　吕伟浩　糜自达
出 品 人	程佳月
责任编辑	朱　光
封面设计	中知图印务
责任出版	欧晓春
出版发行	四川科学技术出版社

成都市锦江区三色路238号　邮政编码 610023

官方微博 http://weibo.com/sckjcbs

官方微信公众号　sckjcbs

传真 028-86361756

成品尺寸	170 mm × 240 mm
印 　张	14.5
字 　数	290 千
印 　刷	天津市天玺印务有限公司
版 　次	2024年1月第1版
印 　次	2024年1月第1次印刷
定 　价	58.00元

ISBN 978-7-5727-1126-8

邮　购　成都市锦江区三色路238号新华之星A座25层　邮政编码:610023
电　话　028-86361770

前　言

　　我国是危险化学品生产和使用大国。改革开放以来,我国的化学工业快速发展,可大规模生产包括化肥、纯碱、氯碱等在内的 45 000 余种化学产品。我国的主要化工产品产量已位居世界第一。危险化学品的生产特点是:生产流程长,工艺过程复杂,原料、半成品、副产品、产品及废弃物均具有危险性,原料、辅助材料、中间产品、产品呈三种状态(气、液、固)且互相变换,整个生产过程必须在密闭的设备、管道中进行,不允许有泄漏,对包装物、包装规格以及储存、运输、装卸皆有严格的要求。

　　近年来,我国对危险化学品的生产、储存、运输、使用、废弃等制定和颁发了一系列的法律、法规、标准、规范、制度,有力地促进了我国危险化学品的安全管理,促使危险化学品安全生产形势稳定向好。目前我国有 9.6 万余家化工企业,其中直接生产危险化学品的企业就有 2.2 万余家,危险化学品重大事故仍旧时有发生,特别是 2015 年天津港发生的"8·12 天津滨海新区爆炸事故",再次给我们敲响了安全的警钟。

　　危险化学品不论是生产、运输还是储存,都要特别注意安全问题。

　　笔者编写的这本关于危险化学品的应急救援指导手册,首先对应急队伍的工作建设体系和应急流程进行了概括和介绍,方便化工企业自查,检查是否存在流程不规范;其次介绍了危险化学品的基础知识以及临沭县危险化学品整体情况的调查。因为临沭县是全国最大的优质复合肥生产基地,现有规模以上化肥化工生产企业 32 家,复合肥和精细化工一直是该县的支柱产业,所以以临沭县作为研究对象,比较有代表性,能够让广大同人结合实际对化工企业的危险品管理有更深刻的了解。

  在本书中,笔者详细地介绍了每一类危险化学品的危险特征,有助于企业对每一类危险化学品有深刻的认识。这样才能具有针对性地解决不同类型的安全事故。很多企业在危险化学品的管理中,只注重于生产安全的管理,而忽视了运输和储存相关的安全管理。笔者针对这一现象,特意将应急救援的相关内容分成三个环节,旨在提醒相关企业,生产、运输和存储这三个方面的安全管理,都至关重要,每一处都不能放松警惕。

目 录

第一章 指导手册概述

第一节 总则

一、编写目的

为进一步规范危险化学品一般以上生产安全事故(以下简称一般以上事故)的应急管理,完善应急救援体系,增强危险化学品一般以上事故的灾难预防和处置能力,迅速、有效地控制危险化学品一般以上事故,最大限度地降低和减少事故灾难造成的人民生命、财产损失,编写本指导手册。关于危险化学品一般以上事故的应急救援,不同地区或有不同要求,本指导手册针对临沭县编写。

二、编写依据

本指导手册依据《中华人民共和国突发事件应对法》《中华人民共和国安全生产法》《中华人民共和国环境保护法》《生产安全事故报告和调查处理条例》《危险化学品安全管理条例》《生产安全事故应急条例》《山东省安全生产条例》《山东省危险化学品管理办法》《突发事件应急预案管理办法》《生产安全事故应急预案管理办法》《山东省生产安全事故报告和调查处理办法》等法律法规和有关规定编写。

三、适用范围

从事生产、经营、储存、运输、使用危险化学品活动过程中发生的危险化学品一般以上事故的应急救援,适用本指导手册。

四、危险目标的确定

根据危险化学品事故发生的原因和可能造成的后果,危险化学品事故主要分为三类:火灾事故、爆炸事故和易燃、易爆或有毒物质泄漏事故。

五、生产安全事故等级

根据生产安全事故造成的人员伤亡或者直接经济损失,事故一般分为四级:Ⅰ级(特别重大)、Ⅱ级(重大)、Ⅲ级(较大)、Ⅳ级(一般)。

第一,特别重大事故,是指造成30人以上死亡,或者100人以上重伤(包括急性工业中毒,下同),或者1亿元以上直接经济损失的事故。

第二,重大事故,是指造成10人以上30人以下死亡,或者50人以上100人以下重伤,或者5 000万元以上1亿元以下直接经济损失的事故。

第三,较大事故,是指造成3人以上10人以下死亡,或者10人以上50人以下重伤,或者1 000万元以上5 000万元以下直接经济损失的事故。

第四,一般事故,是指造成3人以下死亡,或者10人以下重伤,或者1 000万元以下直接经济损失的事故。

六、工作原则

(一)以人为本,安全第一

在救援工作中,要始终把保障人民群众的生命安全和身体健康,作为应急救援工作的首要任务,切实加强应急救援人员的安全防护,最大限度地预防和减少事故造成的人员伤亡、财产损失和公共危害。

(二)统一领导,分级负责

在县一般以上生产安全事故应急救援领导小组的领导下,县危险化学品一般以上生产安全事故应急救援指挥部负责危险化学品事故应对工作,负责指导、协调全县危险化学品一般以上生产安全事故的应急救援工作;镇、街(区)危险化学品事故应急救援指挥部按照各自的职责和权限,具体负责辖区内危险化学品事故的应急管理和应急处置工作。

(三)条块结合,属地为主

危险化学品事故应急救援工作,县一般以上生产安全事故应急救援领导小组全面负责事故现场应急救援的领导和指挥,相关部门、单位依法履行各自职责,专家提供技术服务与支持。按照分级响应的原则,县一级以上生产安全事故应急救援指挥部及时启动相应的应急预案。

(四)依靠科学,依法规范

尊重科学,充分发挥专家作用,实行科学民主决策。依靠科技进步,不断改进和完善应急救援装备、设施和手段。依法规范和不断完善应急救援工作,严格按照相关法律法规要求,确保应急救援工作的科学性、有效性。

(五)预防为主,平战结合

贯彻落实"安全第一,预防为主,综合治理"的方针,坚持事故灾难应急救援与平时预防相结合。按照长期准备、重点建设的原则,重点做好常态下的安全风险评估、物资和经费储备、队伍建设、预案演练及事故灾难的预测、预警和预报工作[①]。

(六)公开透明,正确引导

统一发布危险化学品一般以上生产安全事故救援信息和处置工作情况,及时、准确、客观宣传报道,控制舆情,正确引导社会舆论。

第二节 组织机构与职责

一、组织体系

县政府成立县一般以上生产安全事故应急救援领导小组,下设县危险化学品一般以上生产安全事故应急救援指挥部(以下简称指挥部),指挥部设办公室和各个工作组。

二、机构组成及职责

第一,指挥部负责组织指挥应急救援工作总指挥由县长或分管副县长担任,副总指挥由县委、县政府办公室,县应急局、县消防救援大队主要负责人、事发地党政主要负责人担任,成员由县委宣传部、县公安局、县卫生健康局、县生态环境局、县总工会、县人力资源和社会保障局、县交通运输局、县市场监督管理局(简称县市场监管局)、县气象局等相关

---

① 曲福年.危险化学品从业单位安全生产标准化指导手册[M].北京:化学工业出版社,2018.

部门负责人组成。

指挥部实行总指挥负责制,组织制定并实施生产安全事故现场应急救援方案,协调、指挥有关单位和个人参加现场应急救援。参加生产安全事故现场应急救援的单位和个人应当服从现场指挥部的统一指挥。

第二,指挥部办公室主任由县应急管理局(简称县应急局)主要负责人担任,副主任由事故发生镇、街或经济开发区分管负责人、县委宣传部、县消防救援支队有关负责人担任,成员由县公安局、县总工会、县消防救援支队、县人力资源社会保障局、县交通运输局、县卫生健康局、县生态环境局、县市场监管局、县气象局等单位的职能科室负责人组成。办公室负责应急救援组织协调、对外信息发布、承办指挥部交办的事宜。

第三,指挥部下设7个工作组。

治安警戒组:由县公安局牵头,当地公安部门为主,负责事故现场交通管制和维护治安秩序。

抢险救援组:由县消防救援大队统筹,属地应急管理部门和消防救援队伍组织指挥各类应急救援力量实施救援,跨区域应急救援力量调动由上级应急管理部门和消防救援队伍组织实施。实施救援时,应加强对事故区域周边重点对象的安全保护。

技术保障组:由县应急局牵头,县消防救援大队、县交通运输局、县卫生健康局、县生态环境局、县市场监管局、县气象局、县有关部门和事故单位的专业技术人员参加。主要负责:组织专家对应急救援及现场处置进行专业技术指导;分析事故信息和灾害情况;做好危险化学品事故应急咨询服务;提出救援的技术措施,为救援指挥部决策提出科学的意见和建议;提出控制和防止事故扩大的措施;组织指导事发地环境质量应急监测,分析研判现场污染状况及变化趋势,指导因生产安全事故次生、衍生的环境污染处置;公布危险化学品事故造成的环境污染信息;组织提供与应急救援有关的气象保障服务[1]。

医疗救治组:由县卫生健康局牵头,县卫生健康行政部门为主,当地医疗机构参加,负责组织医疗专家及卫生应急队伍对伤病员进行紧急医学救援,并可根据救治工作需求,及时调动及协调非事故发生地医疗救治力量进行支援。

---

[1]何天平.危险化学品从业单位安全标准化指导手册[M].南京:东南大学出版社,2008.

新闻宣传组：由县委宣传部牵头，负责协调有关部门及时组织新闻发布，加强舆论引导；积极做好媒体记者的登记接待和服务引导工作；加强对境内外媒体报道情况和网上舆情的收集整理、分析研判，协调有关部门依法依规作出处理。

后勤保障组：由事故发生地镇、街或经济开发区牵头，县应急局、县公安局、县交通运输局等有关部门参加，负责抢救物资及装备的供应、公路保通修护、组织运送撤离人员及物资等后勤保障工作。由县人民政府组织有关部门做好应急工作人员和被疏散人员的食宿等生活保障工作。

善后工作组：由县人民政府牵头，县人力资源和社会保障局、相关镇街、经济开发区及有关保险机构参加，做好事故伤亡人员工伤认定及工伤保险相关待遇的支付工作。

第三节 监测与预警

一、信息监测

县应急管理部门应通过应急指挥中心指挥系统掌握辖区内的危险化学品、重大危险源等实时监控预警的基本状况，建立辖区内危险化学品基本情况和重大危险源数据库。指挥部各成员单位要建立危险源的常规数据监控和信息分析，研究制定应对方案，及时发布预警信息，采取相应措施预防事故发生。指挥部各成员单位要根据各自职责要求加强对事故信息监测、报告工作，建立危险化学品事故信息监测、报告网络体系，及时发布预警信息，采取相应措施预防事故发生[1]。

二、预警

第一，县应急部门对收集到的本行政区域内或可能对本行政区域造成重大影响的危险化学品一般以上事故预测信息进行可靠性分析，根据预警级别及时向当地人民政府、上级应急部门和相关部门报告。

---

[1]陆春荣,张斌.危险化学品企业安全员工作指导[M].北京:中国劳动社会保障出版社,2009.

第二,当地负有接处警职能的部门按照有关规定进行接洽工作,及时分析判断事故危害、影响及发展情况,并向本级人民政府、上级主管部门报告,由当地人民政府或县指挥部适时发布预警信息。信息的发布、调整和解除,可通过微信公众号、广播、电视、报刊、通信、信息网络或其他方式进行。

三、预警级别及发布

(一)预警级别

根据危险化学品事故可能造成的危害性、紧急程度和影响范围,依据《生产安全事故报告和调查处理条例》规定的事故分级,危险化学品事故预警级别分为四级:特别重大(Ⅰ级)、重大(Ⅱ级)、较大(Ⅲ级)和一般(Ⅳ级),依次用红色、橙色、黄色和蓝色表示。

(二)预警发布和解除

红色预警:由省指挥部提出预警建议,报省重特大生产安全事故应急救援领导小组批准后,由指挥部发布和解除。

橙色预警:由省指挥部办公室提出预警建议,报指挥部,经总指挥批准后,由指挥部或授权指挥部办公室发布和解除。

黄色预警:由市指挥部提出预警建议,报市较大以上生产安全事故应急救援领导小组批准后,由县指挥部发布和解除。

蓝色预警:由县级人民政府发布和解除。

第四节 应急响应

一、分级响应

(一)事故报告

第一,事故现场人员报告程序:事故发生后,现场有关人员应立即向本单位负责人报告;情况紧急或者本单位负责人无法联络时,事故现场有关人员可以直接向事故发生地县级以上人民政府应急管理部门和负有安全生产监督管理职责的有关部门报告。

第二,危险化学品从业单位负责人报告程序:危险化学品从业单位负责人应于事故发生1小时内报告当地县级以上应急部门和负有安全生产监督管理职责的部门,同时报所在地街道办事处或开发区。

第三,县级以上应急部门和负有安全生产监督管理职责的部门报告程序:分别向上一级应急部门、负有安全生产监督管理职责的有关部门和本级人民政府报告。通知同级公安机关、人力资源和社会保障部门、工会和人民检察院。应急部门和负有安全生产监督管理职责的有关部门逐级上报事故情况,每级上报的时间不得超过2小时。发生较大以上等级事故的,事故发生单位和事故发生地县级人民政府有关部门还应当于1小时内以快报形式报省人民政府应急部门和负有安全生产监督管理职责的有关部门。县人民政府应当在接到事故报告后半小时内直报省人民政府安全生产委员会办公室;属于较大以上等级事故的,还应当在1小时内书面报告省人民政府安全生产委员会办公室。

第四,事故报告后出现新情况的,应当及时补报。

第五,事故报告的主要内容:事故发生单位的名称、地址、性质、产能等基本情况;事故发生的时间、地点及事故现场情况;事故发生的简要经过;事故已经造成或者可能造成的伤亡人数(包括下落不明的人数);初步估计的直接经济损失;已经采取的措施;其他应当报告的情况等。

(二)分级响应

第一,Ⅳ级事故应急响应,由事故发生地县人民政府为主处理。

第二,Ⅲ级事故应急响应,由市指挥部启动并组织实施本预案。

第三,Ⅱ级及以上事故应急响应:逐级报告省重特大生产安全事故应急救援领导小组批准成立的指挥部,由指挥部启动并组织实施本预案。

二、响应程序

(一)基本应急

第一,预案应急响应启动后,指挥部办公室立即通知县指挥部成员单位、相关专家、各专业救援队伍赶赴现场开展应急救援工作。

第二,指挥部办公室调度有关情况,为指挥部制定救援实施方案提供基础信息及相关资料。

第三,指挥部制定救援实施方案,依法向应急救援队伍下达救援命令和调用征用应急资源的决定,并根据需要和救援工作进展情况,及时修订救援方案。各有关成员单位、有关专家、专业救援队伍根据救援实施方案,按照各自的职责分工,开展救援工作。

第四,事故发生后,事故单位应迅速控制危险源,组织抢救遇险人员;组织现场人员撤离或者采取可能的应急措施后撤离;清点人数;及时通知可能受到事故影响的单位和人员;采取必要措施,防止事故危害扩大和次生、衍生灾害发生。现场人员应在保证人身安全的前提下积极开展自救和互救。

第五,事故单位负责人迅速启动本单位事故应急救援预案,立即组织企业专业救援队伍、兼职救援人员或通知签订救援协议的救援队伍进行救援,并向参加救援的应急救援队伍提供相关技术资料、信息和处置方法。在切实保障救援人员安全的前提下,组织开展抢险救援工作。

第六,根据事故的危害程度,如液氨卧式储罐(一、二级重大危险源)、乙醛球罐(二级重大危险源)发生泄漏时,相邻经济开发区、街道要及时疏散、撤离可能受到事故波及的周边企业、社会群众。

第七,根据事故的危害程度,如液氨卧式储罐(一、二级重大危险源)、乙醛球罐(二级重大危险源)发生泄漏时,公安、交通管理等部门要对事故周边道路实施交通管制,禁止无关车辆通行,开通应急特别通道,确保应急救援队伍和物资尽快到达事故现场。

(二)扩大应急

当事态难以控制或有扩大、发展趋势时,全县救援力量不足或者事态严重时,指挥部应及时向上级应急救援机构提出增援请求。

三、安全防护

(一)救援人员的安全防护

根据危险化学品一般以上事故的特点及应急救援人员的职责分工,进行事故现场环境检测,携带相应的专业防护装备和专业通信工具,切实保证救援人员的人身安全。

第一,应急救援指挥人员、医务人员和其他不进入污染区域的应急人员一般配备过滤式防毒面罩、防护服、防毒手套、防毒靴等。

第二,工程抢险及其他进入污染区域的应急人员应配备密闭型防毒面具、防酸碱型防护服、空气呼吸器和实时检测设备等。

第三,国家综合性消防救援队伍、企业专职消防队伍的各级指挥员、战斗员、驾驶员等应急人员必须按照各类灾害事故处置规程和相应防护等级要求,佩戴齐全个人防护装备,落实安全检查。未落实个人防护安全检查前,不得进入存在爆炸、燃烧、毒害、腐蚀、污染等危险的事故区域。

第四,救援结束后,做好现场人员、设备、设施和场所等可能接触到毒性物品的洗消工作。

(二)群众的安全防护

第一,根据不同危险化学品特性特点,组织和指导群众就地取材,采用简易有效的自我防护措施。

第二,根据实际情况,实施避险疏散。组织群众撤离危险区域时,选择安全的撤离路线,到达安全区域后,应尽快去除受污染的衣物,防止继发性伤害。

第三,确定应急避难场所,提供必要的生活用品、实施医疗救治、疾病预防和控制。

四、社会力量动员与救援物资征用

当发生危险化学品重大火灾、重大爆炸、易燃易爆或剧毒物品泄漏等事故灾难时,如果现场救援队伍的人力和物力不足时,由事发地政府依据有关法律法规,开展社会力量动员和救援物资征用。

五、事故分析、检测与后果评估

第一,指挥部应成立由危险化学品、环境保护、气象等专家组成的事故现场检测、鉴定与评估小组,综合检测、分析和评估事故发展趋势,预测事故后果。

第二,环境监测机构负责对水源、大气、土壤等样品实行就地分析处理,及时检测毒物的种类和浓度,并计算扩散范围等应急救援所需的各种数据,以确定污染区域范围,并对事故造成的环境影响进行评估[①]。

---

①张国建,唐朝纲.危险化学品灾害事故应急救援指导手册[M].昆明:云南科学技术出版社,2016.

六、信息发布

指挥部办公室会同有关部门负责一般以上危险化学品事故灾难的信息综合工作,根据事件类型和影响程度,按照有关规定统一、准确、及时发布有关危险化学品一般以上事故发展和应急救援工作的信息。

七、应急结束

现场险情得以控制,应急处置工作完成,事故伤亡情况已核实清楚,被困人员被解救,伤亡人员得到妥善处置,环保等有关部门对危险化学品事故造成的危害进行监测、处置,直至符合国家环境保护标准;导致次生、衍生事故隐患消除后,经总指挥批准,由指挥部宣布解除应急状态,并向有关新闻单位发布信息。宣布应急结束后,应急救援队伍撤离现场。

第五节 后期处置

一、善后处置

第一,善后处置工作由当地人民政府负责,救援工作临时征用的房屋、运输工具、通信设备等物资,应当及时返还,造成损坏或无法返还的,按照有关规定给予补偿或做出其他处理。

第二,相关部门和事故发生单位要妥善处理事故伤亡人员及其家属的安置、救济、补偿和工伤认定。

第三,参加救援的部门、单位应认真核对参加应急救援的人数,清点救援装备、器材,核算救援发生的费用,整理保存救援记录、图纸等资料,各自写出救援报告,上报应急救援指挥部办公室。

第四,做好污染物的收集、清理及处理等工作。

第五,尽快恢复正常社会秩序,消除事故后果和影响,安抚受灾和受影响人员,确保社会稳定。

二、社会救助

危险化学品事故发生后,事发地人民政府负责对困难家庭的救助和社会各界提供的救援物资及资金的接收、分配、使用等。

三、保险理赔

危险化学品事故发生后,保险机构要及时开展保险理赔工作。保险监管机构要督促有关承保单位快速勘察并及时理赔。

四、总结与评估

指挥部负责收集、整理应急救援工作的记录、方案、文件等资料,对应急救援预案的启动、决策、指挥和后勤保障等全过程进行评估,分析总结应急救援经验教训,提出改进的意见和建议,并将总结评估报告报县一级以上生产安全事故应急救援领导小组,并向县人大常委会作出专项工作报告。

五、事故调查

按照事故调查的权限组成事故调查组,对事故的起因、性质、影响、责任、经验教训等进行调查,调查组应向同级人民政府提交书面调查报告。

第六节 保障措施

一、通信与信息保障

各成员单位要指定负责日常联络的工作人员,充分利用有线、无线通信设备和互联网等手段,切实保障通信畅通。指挥部各成员单位实行24小时应急值守。

二、队伍保障

各企业专职救援队伍、兼职救援人员或通过签订救援协议的救援队伍是事故应急救援的第一响应力量,应及时进行处置并控制灾害事故规模。消防救援队伍是事故应急救援的主要力量,企业危险化学品应急救援队伍和其他救援队伍是事故应急救援的辅助力量。没有条件组建专业应急救援队伍的企业,要建立兼职救援队伍,或与区域性危险化学品应急救援队伍签订应急救援协议①。

三、装备保障

县消防救援大队、企业应急救援队伍和社会救援组织必须按标准配齐应急救援装备和防护装备。危险化学品从业单位,应根据本单位可能发生的生产安全事故的特点和危害,配备必要的灭火、排水、通风以及危险物品稀释、掩埋、收集等应急救援器材、设备和物资,并进行经常性维护、保养,保证正常运转②。

四、物资保障

指挥部成员单位、县消防救援大队、企业应急救援队伍和社会救援组织应按照职责分工,配备足够的应急救援物资、救援器材并保持完好。

五、经费保障

危险化学品从业单位应做好必要的应急救援资金储备。应急救援中产生的资金首先由事故责任单位承担,事故责任单位暂时无力承担的,由当地人民政府协调解决。

六、医疗卫生保障

卫生健康部门负责组织医疗卫生队伍及时赶赴事故现场开展医疗救治、卫生防疫等医疗卫生救援工作。

七、交通运输保障

公安、交通运输部门要按照各自职责,制定本系统的运输保障预案,在开展应急救援时开通应急特别通道,确保救援队伍尽快赶赴事故现场实施救援。

八、治安保障

由事故发生地人民政府、公安组织事故现场安全警戒和治安、交通,加强对重点地区、重点场所、重点人群、重点物资设备的防范保护,及时疏散群众,维护现场治安、交通秩序。

---

① 王小辉.危险化学品安全技术与管理[M].北京:化学工业出版社,2016.
② 张晓.危险化学品安全技术与管理研究[M].长春:吉林科学技术出版社,2019.

第七节 监督管理

一、宣传

各级人民政府、指挥部各成员单位、相关部门和危险化学品从业单位要加强应急救援工作的宣传教育力度,广泛宣传事故应急预案、应急救援常识,普及预防、避险、避灾、自救、互救知识,增强应急救援人员、从业人员和社会公众的安全意识与应急处置能力。新闻媒体应无偿开展危险化学品生产安全事故突发事件预防与应急、自救与互救知识的公益宣传。

二、培训

指挥部各相关成员单位,县危险化学品应急救援队伍、专业救援队伍、企业应急救援队伍、危险化学品从业单位等应急救援队伍应按照有关规定参加岗前和常态化的专业性技能培训和战备训练,确保救援队伍的战斗力。

三、演练

第一,由县应急局牵头,组织指挥部各成员单位至少每两年组织一次应急预案演练。

第二,县危险化学品应急救援队伍、专业救援队伍、企业应急救援队伍,要定期组织不同类型的危险化学品事故应急救援演练。

第三,危险化学品从业单位应当根据本单位事故风险特点,每半年至少组织一次应急预案演练。

演练结束后,演练单位应及时进行总结评估,撰写应急预案演练评估报告,客观评价演练效果,分析存在的问题,对应急预案提出修订意见,并把演练评估报告上报主管部门和当地应急部门。应急管理部门应对危险化学品从业单位应急救援演练进行抽查,发现演练不符合要求的,应当责令限期改正;发现其他违法违规行为的,应按照相关规定进行处罚①。

四、奖惩

第一,对在危险化学品事故应急处置中做出重大贡献的单位和个人,按照有关规定给予表彰奖励。

第二,对单位和个人未按照预案要求履行职责,造成重大损失的,根据情节轻重,由上级主管部门或监察机关、所在单位给予处分。构成犯罪的,依法追究刑事责任。

---

① 王卫东,邵辉.危险化学品安全生产管理与监督实务[M].北京:中国石化出版社,2011.

第二章 危险化学品的基础知识

第一节 危险化学品的概念及分类

化学品在工业、农业、国防、科技等领域得到了广泛的应用,已渗透到人们生活的方方面面。据美国化学文摘记载,目前全世界已有的化学品多达700万种,其中作为商品上市的有10余万种,经常使用的有7万多种。随着社会发展和科技进步,人类使用化学品的品种、数量在迅速增加,每年有千余种新的化学品问世。

现代科学技术和化学工业的迅猛发展,一方面丰富了人类的物质生活,另一方面也给人类生产和生活带来了一定风险。因不少化学品具有易燃、易爆、有毒有害、腐蚀、放射等危险特性,在其生产、经营、储存、运输、使用以及废弃物处置的过程中,如果管理或技术防护不当,将会损害相关人员的人体健康,并造成财产损失和生态环境污染。2015年8月12日,位于天津市滨海新区天津港的瑞海公司危险品仓库发生火灾爆炸事故,造成165人遇难,8人失踪,798人受伤住院治疗,304幢建筑物、12 428辆商品汽车、7 533个集装箱受损,直接经济损失68.66亿元。

据统计,2017年我国发生危险化学品重大事故2起、死亡20人;2018年发生重大事故2起、死亡43人;2019年发生重特大事故3起、死亡103人,其中江苏响水"3·21"特别重大爆炸事故导致78人死亡,造成重大经济损失。危险化学品事故因其危害的多样性、事故发生的偶然性、应急处置的复杂性,一旦发生,极易造成大量人员伤亡、巨大财产损失以及环境污染。

危险化学品的危险性是由其固有理化特性决定的,又与危险化学品的生产、储存、使用和废弃处置等过程中的工艺、设备、管理、技术措施密切相关。为有效预防、避免和应对事故的发生,应掌握有关危险化学品的基础知识,具备危险化学品行业风险分析、辨识、评价和控制的能力,熟悉危险化学品事故的应急处置措施。

一、危险化学品概念与分类标准

化学品是指由各种化学元素所组成的化合物及其混合物,既有天然的,也有人造的。可以说,人类生存的地球和大气层中所有有形物质包括固体、液体和气体都是化学品。

化学品中符合有关危险化学品(物质)分类标准规定的化学品(物质)属于危险化学品。根据《危险化学品安全管理条例》(国务院令591号)规定,危险化学品是指具有毒害、腐蚀、爆炸、燃烧、助燃等性质,对人体、设施、环境具有危害的剧毒化学品和其他化学品。我国对危险化学品实行目录管理,危险化学品目录由国务院相关部门根据化学品危险特性的鉴别和分类标准确定、公布,并适时调整,当前使用的《危险化学品目录(2015版)》是2015年颁布的,列入目录的危险化学品有2 800多种。

目前,国际通用的化学品危险性分类标准有两个:一是联合国《危险货物运输建议书》,规定了9类危险货物的鉴别指标;二是联合国《全球化学品统一分类和标签制度》(GHS),规定了26类危险化学品的鉴别指标和测定方法,这一指标已为国际社会普遍接受。

目前,我国国内化学品的分类标准有三个:

一是《化学品分类和危险性公示　通则》(GB 13690—2009)。该标准规定了有关GHS的化学品分类及其危险公示,将危险化学品分为27类。其中具有理化危险性的有16类,包括爆炸物、易燃气体、易燃气溶胶、氧化性气体、加压气体、易燃液体、易燃固体、自反应物质和混合物、自燃液体、自燃固体、自热物质和混合物、遇水放出易燃气体的物质或混合物、氧化性液体、氧化性固体、有机过氧化物、金属腐蚀物;健康危险性10类,包括急性毒性、皮肤腐蚀/刺激、严重眼损伤/眼刺激、呼吸道或皮肤过敏、生殖细胞致突变性、致癌性、生殖毒性、特异性靶器官系统毒性一次接触、特异性靶器官系统毒性反复接触、吸入危害;环境危害1类,包括危害水生环境和臭氧层等。

二是《危险货物分类与品名编号》(GB 6944—2012)。该标准节选自联合国《危险货物运输建议书》,将危险货物分为9类。包括第一类爆炸品,第二类气体,第三类易燃液体,第四类易燃固体、易于自燃的物质、遇水放出易燃气体的物质,第五类氧化性物质和有机过氧化物,第六类毒性物质和感染性物质,第七类放射性物质,第八类腐蚀性物质,第九类杂项危险物质和物品(包括危害环境物质)等。

三是《化学品分类和标签规范》(GB 30000—2013)系列标准。该系列标准采纳了联合国《全球化学品统一分类和标签制度》(第四版)(GHS)中的大部分内容,同时新增了"吸入危害"和"对臭氧层的危害"等规定,将危险化学品分为28类。本书根据该标准的分类,简要介绍各类化学品的特性。

二、危险化学品的分类

(一)第一类:爆炸物

爆炸物(或混合物)是能通过化学反应在内部产生一定速度、一定温度和压力的气体,且对周围环境具有破坏作用的一种固体或液体物质(或其混合物),烟火物质或混合物也属于爆炸物质。爆炸物主要包括爆炸物质和混合物、爆炸品、烟火制品等,根据爆炸物质所具有的危险特性,将爆炸物分为6项,常见的爆炸物有三硝基甲苯(TNT)、硝化甘油、叠氮钠、黑索金等[①]。

(二)第二类:易燃气体

易燃气体是一种在20℃和标准压力101.3 kPa时与空气混合有一定易燃范围的气体,也包括化学不稳定气体。常见的易燃气体有氢气、甲烷、乙炔等。

(三)第三类:易燃气溶胶

喷雾器(系任何不可重新灌装的容器,该容器用金属、玻璃或塑料制成)内装压缩、液化或加压溶解的气体(包含或不包含液体、膏剂或粉末),并配有释放装置以使内装物喷射出来,在气体中形成悬浮的固态或液态微粒,或者形成泡沫、膏剂或粉末,或者以液态或气态形式出现。如果气溶胶含有任何根据GHS分类为易燃物成分时,该气溶胶应分类为易燃物,包括易燃液体、易燃气体和易燃固体。

(四)第四类:氧化性气体

氧化性气体一般指通过提供氧气,比空气更能导致或促使其他物质

---

①韩志跃.危险化学品概论及应用[M].天津:天津大学出版社,2018.

燃烧的任何气体。

（五）第五类：加压气体

加压气体是在20℃下，压力等于或者大于200 kPa（表压）下装入贮存器的气体，或是液化气体或冷冻液化气体。加压气体包括压缩气体、液化气体、溶解气体、冷冻液化气体。气体具有可压缩性和膨胀性，装有各种压缩气体的钢瓶应根据气体的种类涂上不同的颜色以示标记，不同压缩气体钢瓶有规定漆色。

（六）第六类：易燃液体

易燃液体是指闪点不大于93℃的液体，这类液体极易挥发成为气体，遇点火源（如易燃的火柴）即可燃烧。

易燃液体以闪点作为评定火灾危险性的主要依据，闪点越低，危险性越大。

（七）第七类：易燃固体

易燃固体是容易燃烧的固体，通过摩擦引燃或助燃的固体。易燃固体包括粉状、颗粒状或糊状物质的固体，它们与点火源短暂接触容易被点燃且火焰迅速蔓延。

（八）第八类：自反应物质和混合物

自反应物质和混合物是即使没有氧（空气）也容易发生激烈放热分解的热不稳定液态或固态物质或者混合物，不包含根据GHS分类为爆炸物、有机过氧化物或氧化性物质的混合物。自反应物质和混合物如果在实验室试验中其组分容易起爆、迅速爆燃或在封闭条件下加热时显示剧烈效应，应视为具有爆炸性。

（九）第九类：自燃液体

自燃液体指即使数量小也能在与空气接触后5 min内着火的液体。

（十）第十类：自燃固体

自燃固体指即使数量小也能在与空气接触后在5 min内着火的固体。不同结构的自燃物质具有不同的自然特性。例如，黄磷性质活泼，极易氧化，燃点又特别低，一经暴露在空气中很快就引起自燃。因黄磷不和水发生化学反应，所以黄磷通常保存在水中。二乙基锌、三乙基铝等有机金属化合物，不但在空气中能自燃，遇水还会剧烈分解，产生氢气，引起燃烧爆炸；因此储存和运输时必须用充有惰性气体或特定的容器包装,燃烧时亦不能用水扑救。

（十一）第十一类:自热物质和混合物

自热物质和混合物指除自燃液体或自燃固体外,与空气反应不需要能量供应就能够自热的固体或液体物质或混合物。此物质或混合物与自燃液体或自燃固体的不同之处在于仅在大量(公斤级)并经过长时间(数小时或数天)才会发生自燃。

物质或混合物的自热是一个过程,其中物质或混合物与空气中的氧气逐渐发生反应,产生热量。如果热产生的速度超过热损耗的速度,该物质或混合物的温度便会上升。经过一段时间,可能导致自发点火和燃烧。

（十二）第十二类:遇水放出易燃气体的物质或混合物

遇水放出易燃气体的物质或混合物是通过与水作用,容易具有自燃性或放出危险数量的易燃气体的固态或液态物质和混合物,如钠、钾、电石等。遇水放出易燃气体的物质除遇水反应外,遇到酸或氧化剂也能发生反应,而且比遇到水发生的反应更为强烈,危险性更大;因此储存、运输和使用这类物质时,应注意防水、防潮、严禁火种接近,与其他性质相抵触的物质隔离存放。遇湿易燃物质起火,严禁用水、酸碱泡沫、化学泡沫扑救。

（十三）第十三类:氧化性液体

氧化性液体指本身未必可燃,但通常放出氧气可能引起或促使其他物质燃烧的液体。

（十四）第十四类:氧化性固体

氧化性固体指本身未必可燃,但通常因放出氧气可能引起或促使其他物质燃烧的固体,如氯酸铵、高锰酸钾等。

氧化性物质具有强烈的氧化性,按其不同的性质,遇酸、碱、受潮、高热或与易燃、有机物、还原剂等性质接触的物质混存能发生分解,引起燃烧和爆炸。

（十五）第十五类:有机过氧化物

有机过氧化物是含有过氧键结构(二价-O-O-)和可视为过氧化氢的一个或两个氢原子已被有机基团取代的衍生物的液态或固态有机物,还包括有机过氧化物配制物(混合物)。有机过氧化物是可发生放热自加速分解、热不稳定的物质或混合物。此外,它们还具有易于爆炸分解、燃烧迅速、对撞击或摩擦敏感、与其他物质发生危险反应等性质。遇酸、碱、受潮、高热或与易燃物、有机物、还原剂等能发生分解,引起燃烧或爆炸。

(十六)第十六类:金属腐蚀物

金属腐蚀物指通过化学作用显著损伤甚至毁坏金属的物质或混合物。

(十七)第十七类:急性毒性

急性毒性是指经口或经皮肤给予物质的单次剂量或在24 h内给予的多次剂量,或者4 h内的吸入接触发生的急性有害影响。

(十八)第十八类:皮肤腐蚀/刺激

皮肤腐蚀是对皮肤造成不可逆损伤,即施用试验物质4 h内,可观察到表皮和真皮坏死。典型的腐蚀反应具有溃疡、出血、血痂的特征,而且在14 d观察期结束时,皮肤、完全脱发区域和结痂处由于漂白而褪色。应通过组织病理学检查来评估可疑的病变。皮肤刺激是施用试验性物质4 h后对皮肤造成可逆损害的结果。

(十九)第十九类:严重眼损伤/眼刺激

严重眼损伤指将受试物施用于眼睛前部表面进行暴露接触,引起了眼部组织损伤,或出现严重的视觉衰退,且在暴露后的21 d内尚不能完全恢复。

眼刺激是指将受试物施用于眼睛前部表面进行暴露接触后,眼睛发生的改变,且在暴露后的21 d内出现的改变可完全消失,恢复正常。

(二十)第二十类:呼吸道或皮肤致敏

呼吸道过敏物是指吸入后会导致呼吸道过敏的物质。

皮肤过敏物是指皮肤接触后会过敏的物质。

(二十一)第二十一类:生殖细胞致突变性

主要是指可引起人类生殖细胞突变并能遗传给后代的化学品。"突变"是指细胞中遗传物质的数量或结构发生永久性改变。

(二十二)第二十二类:致癌性

致癌物是指能诱发癌症或增加癌症发病率的化学物质或化学物质混合物。具有致癌危害的化学物质的分类是以该物质的固有性质为基础的,而不提供使用化学物质发生人类癌症的危险度。

(二十三)第二十三类:生殖毒性

生殖毒性是指对成年男性或女性的性功能和生育力的有害作用。生殖毒性分为两个主要部分:对生殖和生育能力的有害效应和对后代发育的有害效应。

(二十四)第二十四类:特异性靶器官系统毒性一次接触

指由一次接触产生特异性的、非致死性目标器官系统毒性的物质。包括产生即时的和/或迟发的、可逆性和不可逆性功能损害的各种明显的健康效应。

(二十五)第二十五类:特异性靶器官系统毒性反复接触

是指在多次接触某些物质和混合物后,会产生特定的、非致命的目标器官毒性,包括可能损害机能的、可逆性和不可逆性的、即时或延迟的明显的健康效应。

(二十六)第二十六类:吸入危害

吸入是指液态或固态化学品通过口腔或鼻腔直接进入或者因呕吐间接进入气管和下呼吸系统。吸入毒性包括严重急性效应,如化学性肺炎、不同程度的肺损伤和吸入致死等。

(二十七)第二十七类:对水生环境的危害

对水生环境造成危害的物质分为急性水生毒性和慢性水生毒性。急性水生毒性是指物质具有对水中的生物体短时间接触时即可造成伤害的物质。慢性水生毒性,是指物质在与生物生命周期相关的接触期对水生生物产生有害影响的潜在或实际的物质。

(二十八)第二十八类:对臭氧层的危害

化学品是否危害臭氧层,由臭氧消耗潜能值(ODP)确定。臭氧消耗潜能值是指某种化合物的差量排放相对于同等质量的三氯氟甲烷而言对整个臭氧层的综合扰动的比值。

第二节 危险化学品的危险性分析

危险化学品的危险特性是由其固有的物理化学特性决定的,如压缩气体、易燃液体、易燃固体、氧化剂和有机过氧化物等均可能发生燃烧而导致火灾事故,也可能导致爆炸事故,部分危险化学品具有毒性或者腐蚀性。根据《化学品分类和标签规范》(GB 30000—2013)系列国家标准,危险化学品的危险性主要包括理化危险性、健康危险性和环境危险性。理化危险性是指化学品能引起燃烧、爆炸的危险程度,健康危险性是指接触后能对人体产生危害的大小,环境危险性是指化学品对环境影响的危害程度。

一、理化危险性

燃烧和爆炸危险性是危险化学品的典型物理化学危险性,爆炸物、易燃气体、易燃气溶胶、加压气体、易燃液体、易燃固体、自反应物质或混合物、自燃液体、自燃固体、自热物质和混合物、遇水放出易燃气体的物质或混合物在一定条件下都可能发生燃烧或者爆炸,有些毒害品和腐蚀品也具有易燃易爆特性。化工、石化企业由于生产中使用的原料、中间产品及产品多为易燃、易爆化学品,加上许多危险化学品在生产、储存、运输和使用过程中,往往处于温度和压力的非常态(高温或低温、高压或低压等),一旦发生火灾、爆炸事故就会造成严重后果[1]。

(一)易燃气体、易燃气溶胶、可燃粉尘的燃烧危险性

易燃气体、易燃气溶胶或可燃粉尘与空气形成的混合物达到一定浓度后,当遇点火源时易发生燃烧爆炸。在混合气体中,所含易燃气体为化学计量浓度时,发热量最大,稍高于化学计量浓度时,火焰蔓延速度最大,燃烧最剧烈。

可燃物浓度大于或小于化学计量浓度,发热量都要减少,蔓延速度降低。当浓度低于某一最低可燃气体浓度,火焰便不能蔓延,燃烧也就不进行。在点火源作用下,易燃气体、易燃气溶胶或可燃粉尘在空气中,足以使火焰蔓延的最低浓度,称为该气体、气溶胶或粉尘的爆炸下限,也称燃烧下限。同理,足以使火焰蔓延的最高浓度称为爆炸上限,也称燃烧上限。上限和下限统称为爆炸极限或燃烧极限,上限和下限之间的浓度称为爆炸范围。浓度在爆炸范围之外,可燃物不燃烧,更不会爆炸。在容器或管道中的可燃气体浓度在爆炸上限以外,若发生泄漏或空气能补充或渗漏进去,遇火源则随时有燃烧、爆炸的危险;因此对浓度在上限

---

[1]蒋清民,刘新奇.危险化学品安全管理[M].北京:化学工业出版社,2015.

以上的混合气,通常认为它们也是危险的。

爆炸范围通常用易燃气体、易燃气溶胶在空气中的体积分数表示,可燃粉尘则用质量浓度表示(单位为 mg/m^3)。爆炸极限的范围越宽,爆炸下限越低,爆炸危险性越大。通常的爆炸极限是在常温、常压的标准条件下测定出来的,它随温度、压力的变化而变化。

另外,某些气体即使在没有空气或氧存在时,同样可以发生爆炸。如乙炔即使在没有氧的情况下,若被压缩到2个大气压以上,遇到火星也能引起爆炸。这种爆炸是由物质的分解引起的,称为分解爆炸。乙炔发生分解爆炸时所需的外界能量随压力的升高而降低。实验证明,若压力在1.5 MPa以上,需要很少能量甚至无须能量即会发生爆炸,表明高压下的乙炔是非常危险的。针对乙炔分解爆炸的特性,目前采用多孔物质进行储存,即把乙炔压缩溶解在多孔物质上。除乙炔外,其他一些分解反应为放热反应的气体,也有同样性质,如乙烯、环氧乙烷、丙烯、肼(联氨)、一氧化氮、二氧化氮等。

(二)液体的燃烧危险性

易燃液体在火源或热辐射的作用下,先蒸发成蒸气,然后蒸气氧化分解进行燃烧。开始时燃烧速度较慢,火焰也不高,因为这时的液面温度低,蒸发速度慢,蒸气量较少。随着燃烧时间延长,火焰向液体表面传热,使表面温度上升,蒸发速度和火焰温度则同时增加,这时液体就会达到沸腾的程度,使火焰显著增高。如果不能隔断空气,易燃液体就可能完全烧尽。

液体的表面都有一定数量的蒸气存在,蒸气的浓度取决于该液体所处的温度,温度越高则蒸气浓度越大。在一定的温度下,易燃液体表面上的蒸气和空气的混合物与火焰接触时,能闪出火花,但随即熄灭,这种瞬间燃烧的过程叫闪燃,液体能发生闪燃的最低温度叫闪点。在闪点温度下,液体蒸发速度较慢,表面上积累的蒸气遇火瞬间即已烧尽,而新蒸发的蒸气还来不及补充,所以不能维持持续燃烧。当温度升高至超过闪点时,液体蒸发出的蒸气在点燃以后足以维持持续燃烧,能维持液体持续燃烧的最低温度称为该液体的燃点。液体的闪点与燃点的差距需要从种类区分,对易燃液体来说,一般在1~5℃之间,而可燃液体可能相差几十摄氏度。

闪点是评价液体危险化学品燃烧危险性的重要参数,闪点越低,它的火灾危险性越大。

(三)固体的燃烧危险性

固体燃烧分两种情况,对于硫、磷等低熔点的简单物质,受热时首先熔化,继之蒸发变为蒸气进行燃烧,无分解过程,容易着火。对于复杂物质,受热时首先分解为物质的组成部分,生成气态或液态产物,然后气态或液态产物的蒸气再发生氧化而燃烧。

某些固态化学物质一旦点燃将迅速燃烧。例如镁,一旦燃烧将很难熄灭。某些固体对摩擦、撞击特别敏感,如爆炸品、有机过氧化物,当受外来撞击或摩擦时,很容易引起燃烧、爆炸,故对该类物品进行操作时,要轻拿轻放,切忌摔、碰、拖、拉、抛、掷等。某些固态物质在常温或稍高温度下即能发生自燃,如白磷若露置在空气中可以快速燃烧,因此,该类物品在生产、运输、储存等环节中要加强管理,这对减少火灾事故的发生具有重要意义。

工业事故中,引发固体火灾事故较多的是危险化学品自热自燃和受热自燃。

1.自热自燃

可燃固体因内部所发生的化学、物理或生物化学作用而放出热量,这些热量在适当条件下会逐渐积累,使可燃物温度上升,达到自燃点而燃烧,这种现象称自热自燃。

在常温的空气中能发生化学、物理、生物化学作用放出氧化热、吸附热、聚合热、发酵热等热量的物质均可能发生自热自燃。例如,硝化棉及其制品(如火药、硝酸纤维素等)在常温下会自发分解放出分解热,而且它们的分解反应具有自催化作用,容易导致燃烧或爆炸;植物和农副产品(如稻草、木屑、粮食等)含有水分,会因发酵而放出发酵热,若积热不散,温度逐渐升高至自燃点,则会引起自燃。

引起自热自燃应满足以下条件:①必须是比较容易产生反应热的物质,例如化学上不稳定的容易分解或自聚合并发生放热反应的物质,能与空气中的氧作用而产生氧化热的物质,以及由发酵而产生发酵热的物质等。②此类物质要具有较大的表面积或是呈多空隙状,如纤维、粉末或重叠堆积的片状物质,并有良好的绝热和保温性能。③热量产生的速度必须大于向环境散发的速度,自热自燃才会发生。预防自热自燃的措施,就是设法阻止上述三个条件的形成。

2.受热自燃

物质在外界热源作用下,温度逐渐升高,当达到燃点时,即可着火燃烧,这种燃烧称为受热自燃。物质发生受热自燃取决于两个条件:一是要有外界热源,二是要有热量积蓄的条件。在化工生产中,由于可燃物料靠近或接触高温设备、烘烤过度、油溶温度过高、机械转动部件润滑不良而摩擦生热、电气设备过载或使用不当造成温升而加热等,都有可能造成受热自燃的发生,如合成橡胶干燥工段,若橡胶长期积聚在蒸汽加热管附近,则极易引起橡胶的自燃;合成橡胶干燥尾气用活性炭纤维吸附时,尾气中往往含有少量的防老剂,由于某些防老剂不易解吸,长期吸附后,活性炭纤维中防老剂含量逐渐增多,当达到一定量时,若用水蒸气高温解吸后不能立即降温,某些防老剂就极易发生自燃事故,导致吸附装置烧毁。

(四)火灾与爆炸的破坏作用

火灾与爆炸都会造成生产设施的重大破坏和人员伤亡,但两者的发展过程显著不同。火灾是在起火后火势逐渐蔓延扩大,随着时间的延续,损失数量迅速增长,损失大约与时间的平方成正比,如火灾时间延长1倍,损失可能增加4倍。爆炸则是猝不及防,可能仅在1 s内爆炸过程已经结束,设备损坏、厂房倒塌、人员伤亡等巨大损失也将在瞬间发生。

爆炸通常伴随发热、发光、压力上升、真空和电离等现象,具有很强的破坏作用。它与爆炸物的数量和性质、爆炸时的条件以及爆炸位置等因素有关。

爆炸的主要破坏形式有以下几种。

1.直接的破坏作用

机械设备、装置、容器等爆炸后产生许多碎片,飞出后会在相当大的范围内造成危害。一般碎片在100~500 m内飞散。如1979年浙江温州电化厂液氯钢瓶爆炸,钢瓶的碎片最远飞离爆炸中心830 m,其中碎片击穿了附近的液氯钢瓶、液氯计量槽、储槽等,导致大量氯气泄漏,发展成为重大恶性事故,死亡59人,伤残779人。

2.冲击波的破坏作用

物质爆炸时,产生的高温高压气体以极高的速度膨胀,像活塞一样挤压周围空气,把爆炸反应释放出的部分能量传递给压缩的空气层,空气受冲击而发生扰动,使其压力、密度等产生突变,这种扰动在空气中的传播就称为冲击波。冲击波的传播速度快,在传播过程中,可以对周围环境中的机械设备和建筑物产生破坏作用和致使人员伤亡。冲击波还可以在它的作用区域内产生震荡作用,使物体因震荡而松散,甚至被破坏。

冲击波的破坏作用主要是由其波阵面上的超压引起的。在爆炸中心附近,空气冲击波波阵面上的超压可达几个甚至十几个大气压,在这样高的超压作用下,建筑物、机械设备、管道等也会受到严重的破坏。

3.造成火灾

爆炸发生后,爆炸气体产物的扩散只发生在极为短促的瞬间,对一般可燃物来说,不足以造成起火燃烧,而且冲击波造成的爆炸风还有灭火作用,但是爆炸时产生的高温高压可将易燃液体的蒸气点燃,也可能把其他易燃物点燃从而引起火灾。

当盛装易燃物的容器、管道发生爆炸时,爆炸抛出的易燃物有可能引起大面积火灾,这种情况在油罐、液化气瓶爆破后最易发生。正在运行的燃烧设备或高温的化工设备被破坏,其灼热的碎片可能飞出,点燃附近储存的燃料或其他可燃物,引起火灾。

4.造成人员中毒和环境污染

在实际生产中,许多物质不仅是可燃的,而且是有毒的,发生爆炸事故时,会使大量有害物质外泄,造成人员中毒和环境污染。

二、健康危险性

毒害性是危险化学品的主要危险特性之一,除毒性物品和感染性物品外,压缩气体和液化气体、易燃液体、易燃固体等物质中有些也会致人中毒。由于危险化学品的毒性、刺激性、致癌性、致畸性、致突变性、腐蚀性、麻醉性、窒息性等特性,导致人员中毒的事故每年都发生多起。在2005年3月29日京沪高速公路淮安段发生的特大液氯槽车泄漏事故中,泄漏的氯气造成大面积环境污染,数十人死亡,数百人中毒入院治疗。

受灾农作物面积数万人亩(1亩=1/15 hm²),畜禽死亡1万余头(只),直接经济损失达到数千万元。

(一)刺激

1.皮肤

当某些危险化学品和皮肤接触时,危险化学品可使皮肤保护层脱落,而引起皮肤干燥、粗糙、疼痛,这种情况称作皮炎,许多危险化学品能引起皮炎。

2.眼睛

危险化学品和眼部接触导致的伤害轻至轻微的、暂时性的不适,重至永久性的伤害,伤害严重程度取决于中毒的剂量及采取急救措施的快慢。

3.呼吸系统

雾状、气态、蒸气化学刺激物和上呼吸系统(鼻和咽喉)接触时,一些刺激物对气管的刺激可引起气管炎,甚至严重损害气管和肺组织,如二氧化硫、氯气、煤尘。某些化学物质如二氧化氮、臭氧以及光气(碳酰氯)等,将会渗透到肺泡区,引起强烈的刺激或导致肺水肿,表现出咳嗽、呼吸困难(气短)、缺氧以及痰多等症状。

(二)过敏

1.皮肤

皮肤过敏是指接触后在身体接触部位或其他部位产生的皮炎(皮疹或水疱),如环氧树脂、铵类硬化剂、偶氮染料、煤焦油衍生物和铬酸等会引起皮肤过敏。

2.呼吸系统

呼吸系统对化学物质的过敏引起职业性哮喘,这种症状的反应常包括咳嗽、呼吸困难,引起这种反应的危险化学品有甲苯、聚氨酯、福尔马林等。

(三)缺氧(窒息)

窒息涉及对身体组织氧化作用的干扰。这种症状分为三种:单纯窒息、血液窒息和细胞内窒息。

1.单纯窒息

这种情况是由于周围大气中氧气被其他气体所代替,如氮气、二氧化碳、乙烷或氮气,而使氧气量不足以维持生命活动。一般情况下,空气中氧的体积分数为21%,如果空气中氧降到17%以下,机体组织就会出现供氧不足,引起头晕、恶心、调节功能紊乱等症状。这种情况一般发生在有限空间的工作场所,缺氧严重时会导致人员昏迷甚至死亡。

2. 血液窒息

这种情况是由于化学物质直接影响机体传送氧的能力,典型的血液窒息性物质就是一氧化碳,空气中一氧化碳的体积分数达到0.05%时就会导致血液携氧能力严重下降。

3. 细胞内窒息

这种情况是由于化学物质直接影响机体和氧结合的能力,如氰化氢、硫化氢等。这些物质影响细胞和氧的结合能力,尽管血液中含氧充足,也会导致细胞内窒息。

（四）昏迷和麻醉

接触高浓度的某些危险化学品,如乙醇、丙醇、丙酮、丁酮、乙炔、烃类、乙醚、异丙醚会导致中枢神经抑制。这些危险化学品有类似醉酒的作用,一次大量接触可导致人员昏迷甚至死亡,也可能导致一些人沉醉于这种麻醉品。

（五）中毒

中毒是指化学物质引起的对人体一个或多个系统产生有害影响并扩展到全身的现象,这种作用不局限于身体的某一点或某一区域。

（六）致癌

长期接触一定的化学物质可能引起人体细胞的无节制生长,形成癌性肿瘤,这些肿瘤可能在第一次接触这些物质以后许多年才表现出来,这一时期被称为潜伏期,一般为4~40年。造成职业肿瘤的部位是变化多样的,未必局限于接触区域,如砷、石棉、铬、镍等物质可能导致肺癌;鼻腔癌和鼻窦癌是由铬、镍、木材粉尘、皮革粉尘等引起的;膀胱癌与接触联苯胺、萘胺、皮革粉尘等有关;皮肤癌与接触砷、煤焦油和石油产品等有关;接触氯乙烯单体可引起肝癌;接触苯可引起再生障碍性贫血;等等。

（七）致畸

接触化学物质可能对未出生胎儿造成危害,干扰胎儿的正常发育。

在怀孕的前 3 个月,胎儿的脑、心脏、胳膊和腿等重要器官正在发育,研究表明,化学物质可能干扰正常的细胞分裂过程,如麻醉性气体、汞(水银)或有机溶剂,从而导致胎儿畸形。

(八)致突变

某些危险化学品对人遗传基因的影响可能导致其后代发生异常,实验结果表明,80% ~ 85% 的致癌化学物质对后代有一定影响。

三、环境危险性

随着化学工业的发展,各种危险化学品的产量大幅度增加,新的危险化学品也不断涌现。人们在充分利用危险化学品的同时,也产生了大量的化学废物,其中不乏有毒有害物质。如果危险化学品泄漏,可能对水体、大气、土壤造成污染,进而影响人的健康。2005 年 11 月 13 日 13 时 30 分许,中石油吉林石化公司双苯厂苯胺装置发生爆炸着火的特别重大化学事故,直径 2 km 范围内的建筑物玻璃全部破碎,10 km 范围内有明显震感。据吉林市地震局测定,爆炸当量相当于 1.9 级地震,事故造成多人伤亡,疏散群众 1 万多人,泄漏的苯类污染物进入松花江,给下游人民群众的生产生活造成了严重的影响,是一起安全生产责任事故和特别重大水污染责任事件。

(一)危险化学品进入环境的途径

危险化学品进入环境的途径主要有以下 4 种。

1. 事故排放

在生产、储存和运输过程中,由于火灾、爆炸、泄漏等事故,致使大量有害危险化学品外泄进入环境。

2. 生产废物排放

在生产、加工、储存过程中,以废水、废气、废渣等形式排放进入环境。

3. 人为施用直接进入环境

如农药、化肥的施用等。

4. 人类活动中废弃物的排放

在石油、煤炭等燃料燃烧过程中以及家庭装饰等日常生活使用中直接排入或者使用后作为废弃物进入环境。

（二）危险化学品的污染危害

1.对大气的危害

①破坏臭氧层。研究结果表明,含氯化学物质,特别是氯氟烃进入大气会破坏同温层的臭氧。臭氧可以吸收太阳紫外线,臭氧减少导致地面接收的紫外线辐射量增加,从而导致皮肤癌和白内障的发病率大幅增加。②导致温室效应。大气层中的某些微量组分能使太阳的短波辐射透过加热地面,而地面增温后所放出的热辐射,都被这些组分吸收,使大气增温,这种现象称为温室效应。这些能使地球大气增温的微量组分称为温室气体。③引起酸雨。由于硫氧化物和氮氧化物的大量排放,在空气中遇水蒸气形成酸雨,对动物、植物、人类等均会造成严重影响。④形成光化学烟雾。光化学烟雾主要有以下两类。第一类:伦敦型烟雾。大气中未燃烧的煤尘、二氧化硫,与空气中的水蒸气混合并发生化学反应所形成的烟雾,称为伦敦型烟雾,也称为硫酸烟雾。1952年12月5—8日,英国伦敦上空因受冷高压的影响,出现了无风状态和低空逆温层,致使燃煤产生的烟雾不断积累,造成严重空气污染事件,在一周之内导致4 000人死亡。伦敦型烟雾由此而得名。第二类,洛杉矶型烟雾。汽车、工厂等排入大气中的氮氧化物或碳氢化合物,经光化学作用生成臭氧、过氧乙酸硝酸酯等,该烟雾称为洛杉矶型烟雾。

2.对土壤的危害

由于大量化学废物进入土壤,可导致土壤酸化、土壤碱化和土壤板结。

3.对水体的污染

水体中的污染物概括地说可分为四大类:无机无毒物、无机有毒物、有机无毒物和有机有毒物。无机无毒物包括一般无机盐和氮、磷等植物营养物等;无机有毒物包括各类重金属(汞、镉、铅、铬)和氰化物、氟化物等;有机无毒物主要是指在水体中比较容易分解的有机化合物,如碳水化合物、脂肪、蛋白质等;有机有毒物主要为苯酚、多环芳烃和多种人工合成的具积累性的稳定有机化合物,如多氯联苯和有机农药等。

有机物的污染特征是耗氧,有毒物的污染特性是生物毒性。①植物营养物污染的危害。含氮、磷及其他有机物的生活污水、工业废水排入水体,使水中养分过多,藻类大量繁殖,海水变红,称为"赤潮",由于造成水中溶解氧的急剧减少,严重影响鱼类生存。②重金属、农药、挥发酚类、氧化物、砷化合物等污染物可在水中生物体内富集,造成其损害、死亡,破坏生态环境。③石油类污染可导致鱼类、水生生物死亡,还可引起水上火灾。

4.对人体的危害

一般来说,未经污染的环境对人体功能是无害的,在这种环境中人能够正常地吸收环境中的物质而进行新陈代谢。当环境受到污染后,污染物通过各种途径侵入人体,将会毒害人体的各种器官组织,导致其功能失调或者发生障碍,同时会引起各种疾病,严重时危及生命。

1)急性危害

在短时间内(或者是一次性的),有害物大量进入人体所引起的中毒为急性中毒。

2)慢性危害

少量的有害物质经过长时期侵入人体所引起的中毒,称为慢性中毒。慢性中毒一般要经过长时间积累之后才逐渐显露出来,对人的危害是慢性的,如由镉污染引起的骨痛病便是环境污染慢性中毒的典型例子。

3)远期危害

化学物质往往会通过遗传影响到子孙后代,引起胎儿畸形、基因突变等。

5.危险化学品的生产特点

除了危险化学品的固有危险性之外,化工生产过程中也存在很大的危险性。目前我国化工生产企业有1.4万多家、经营企业19.6万多家,危险化学品从业单位点多面广,规模和分布不均衡;产品产量和规模逐年增大,装置日益大型化;化工园区发展迅速,但发展水平参差不齐。目前,安全问题仍然是危险化学品行业的首要问题,如果没有安全保障,它们的生产、经营、储存、运输、使用就无法正常进行。

危险化学品的生产特点主要有:

1)生产流程长

化学品的生产需要很多道工序,如化学肥料中的硝酸铵生产,从氨生产的造气(半水煤气)、脱硫(脱除硫化氢和其他硫化物)、转化(一氧化碳的变换)、氮氢气体的压缩、脱碳(二氧化碳的脱除)到净化(微量一氧化碳、二氧化碳的脱除)到氨的合成、液氨的储存。再用液氨气化为氨气、氨气的氧化(制取氧化氮)、酸的吸收制得稀硝酸。再利用稀硝酸与氨气中和制得硝酸铵溶液,再将溶液经过三级蒸发、造粒、冷却、包装才能完成整个生产过程,得到产品硝酸铵。

2)工艺过程复杂

在化工生产过程中既有高温、高压,也会有低温、真空(负压),如硝酸铵生产过程中氨的制取。煤造气制氢过程中焦煤在造气炉内的温度可高达1 100℃,氨合成的压力有的达到30 MPa以上;而产生氮气的空气分离装置温度要低到-190℃以下。

3)具有危险特性

不管是原料、半成品、副产品、产品还是废弃物,都具有危险特性。如有机磷农药生产,作为原料的黄磷、液氯是危险化学品,中间产品三氯化磷、五硫化二磷等是危险化学品,产品敌敌畏、敌百虫、甲胺磷等也是危险化学品。

4)有不同的状态

原料、辅助材料、中间产品、产品可以呈3种状态,即有的是气态,有的是液态,也有的是固态,而且可互相变换。

5)有毒性,不可泄漏

许多化工产品的整个生产过程必须在密闭的设备、管道内进行,不得有泄漏。对包装容器、包装规格以及储存、装卸、运输都有严格的要求。

由于化工生产的特点,国家对危险化学品的生产、经营、储存、使用、运输以及废弃处置等环节要求严格管理。

第三节 危险化学品的安全管理

一、安全管理的基本原理

（一）安全管理的概念

1.安全管理

安全管理,就是管理者对安全生产进行的决策、计划、组织、控制和协调的一系列活动,以保护职工在生产过程中的安全与健康,保护国家和集体的财产不受损失,促进企业改善管理,提高效益,保障事业的顺利发展。

安全管理也可以表述为生产经营单位的生产管理者、经营者为实现安全生产目标,按照一定的安全管理原则,科学地组织、指挥和协调全体员工进行安全生产的活动。

对于事故的预防与控制,安全教育对策和安全管理对策则主要着眼于人的不安全行为,安全技术对策着重解决物的不安全状态。

2.安全生产管理的原则和目标

安全生产管理原则是指在生产管理的基础上指导安全生产活动的通用规则。安全生产管理的目标是减少、控制危害和事故,尽量避免生产过程中由于事故所造成的人身伤害、财产损失及其他损失。

安全生产监督管理的基本特征为权威性、强制性和普遍约束性。现代安全管理是以预防事故为中心。

安全监控系统作为防止事故发生和减少事故损失的安全技术,是发现系统故障和异常的重要手段。

安全管理中所称的事故是指可造成人员死亡、伤害、职业病、财产损失或其他损失的意外事件;所称的风险是指事故发生的可能性与严重性的结合,或表述为发生特定危险事件的可能性与后果的结合。

在可能发生人身伤害、设备或设施损坏和环境破坏的场合,事先采取措施,防止事故发生。

3.安全生产五要素

有学者提出了安全生产五要素,即安全文化、安全法制、安全责任、安全监管和安全投入。安全文化建设不能忽视,它对安全生产有明显保障作用。也有学者提出了现代安全生产管理"五同时"原则,即企业领导在计划、布置、检查、总结、评比生产的同时,要计划布置、检查、总结并评比安全生产工作。

企业安全目标管理体系的建立是一个自上而下、自下而上反复进行的过程,是全体职工努力的结果,是集中管理与民主相结合的结果。

(二)安全管理的基本原理

安全管理原理是现代企业安全科学管理的基础、战略和纲领。

1.系统原理

1)系统原理的概念

系统原理是指人们在从事管理工作时,运用系统的观点、理论和方法对管理活动进行充分的分析,以达到管理的优化目标,即从系统论的角度来认识和处理管理中出现的问题。

2)系统原理的原则

第一,整分合原则:整体规划,明确分工,有效综合。在企业安全管理系统中,整,就是企业领导在制定整体目标,进行宏观决策时,必须把安全作为一项重要内容加以考虑;分,就是安全管理必须做到明确分工,层层落实,建立健全安全组织体系和安全生产责任制度;合,就是要强化安全管理部门的职能,保证强有力的协调控制,实现有效综合高效的现代安全生产管理必须在整体规划下明确分工,在分工基础上有效综合,这就是整分合原则。运用此原则,要求企业管理者在制定整体目标和宏观决策时,必须将安全生产纳入其中。

第二,反馈原则:管理实质上就是一种控制,必然存在着反馈问题。由控制系统把信息输送出去,其作用结果返送回来,并对信息的再输出产生影响,起着控制的作用,以达到预定的目的。原因产生结果,结果又构成新的原因、新的结果。反馈在原因和结果之间架起了桥梁。

第三,封闭原则:是指任何一个系统管理手段必须构成一个连续封闭的回路,才能形成有效的管理运动。在企业安全生产中,各管理机构之间、各种管理制度和方法之间,必须具有紧密的联系,形成相互制约的回路。这体现了对封闭原则的运用。

第四,动态相关性原则:是指构成系统的各个要素是运动和发展的,而且是相互关联的,它们之间既相互联系又相互制约。在生产经营单位建立、健全安全生产责任制是对这一原则的应用。安全管理的动态相关性原则说明如果系统要素处于静止的、无关的状态,则事故就不会发生。

3)系统安全的概念

在系统寿命周期内应用系统安全管理及系统安全工程原理识别危险源并使其危险性降至最小,从而使系统在规定的性能、时间和成本范围内达到最佳的安全程度。系统安全理论认为,新的技术发展会带来新的危险源,安全工作的目标就是控制危险源,努力把事故发生概率降到最低。按照系统安全工程的观点,安全是指系统中人员免遭不可承受风险的伤害。

事故致因理论是安全原理的主要内容之一,用于揭示事故的成因、过程与结果,所以有时又叫事故机理或事故模型。只要事故的因素存在,发生事故是必然的,只是时间或早或迟而已,这就是因果关系原则。

按照因果连锁理论,企业安全工作的中心就是防止人的不安全行为,消除机械或物质的不安全状态,中断连锁的进程,从而避免事故的发生。

海因里希对5 000多起伤害事故案例进行了详细调查研究后得出海因里希法则,即事故后果为严重伤害、轻微伤害和无伤害的事故件数之比为1:29:300。

2.人本原理

1)人本原理的概念

人本原理是管理学四大原理之一。它要求人们在管理活动中坚持一切以人为核心,以人的权利为根本,强调人的主观能动性,力求实现人的全面、自由发展。其实质就是充分肯定人在管理活动中的主体地位和作用。同时,通过激励调动和发挥员工的积极性和创造性,引导员工去实现预定的目标。

人本原理要求人们在安全管理中,必须把人的因素放在首位,体现以人为本的指导思想。因为管理活动中,作为管理对象的要素和管理系统各环节,都需要人掌管、运作、推行和实施,所以一切安全管理活动都是以人为本展开的。人是安全管理活动的主体,也是安全管理活动的客体。

2）人本原理的原则

第一，能级原则：人和其他要素的能量一样都有大小和等级之分，并会随着一定的条件而发展变化。它强调知人善任，调动各种积极因素，把人的能量发挥在管理活动相适应的岗位上。

第二，动力原则：管理必须有强大动力，只有正确地运用动力，才能使管理运动持续有效地进行下去。动力原则认为，推动安全管理活动的基本力量是人，必须有能够激发人的工作能力的动力。内容分为物质动力、精神动力、信息动力。

第三，激励原则：是思想教育的基本原则之一。激励，即激发和鼓励，它是指思想教育必须科学地运用各种激励手段，使它们有机结合，从而最大限度地激发人们在生产、劳动、工作和学习中的积极性，鼓励人们发愤努力，多做贡献。安全管理必须要有强大的动力，并且正确地应用动力，从而激发人们保障自身和集体安全的意识，自觉地、积极地搞好安全工作。这种管理原则就是人本原理中的激励原则。按安全生产绩效颁发奖金是对人本原理的动力原则和激励原则的具体应用。安全第一原则不是人本原理包含的原则。当生产和其他工作与安全发生矛盾时，要以安全为主，生产和其他工作要服从安全，这就是安全第一原则。

3.预防原理

安全生产管理应以预防为主，通过有效的管理和技术手段，减少和防止人的不安全行为和物的不安全状态，这就是预防原理。

1）偶然损失原则

偶然损失原则认为事故和损失之间有下列关系：一个事故的后果产生的损失大小或损失种类由偶然性决定，反复发生的同种事故常常并不一定产生相同的损失。偶然损失原则告诉我们，无论事故损失大小，都必须做好预防工作。

2）因果关系原则

防止灾害的重点是必须防止发生事故，事故之所以发生有它的必然原因，即事故的发生与其原因有着必然的因果关系。

3）"3E"原则

造成人的不安全行为和物的不安全状态的原因可归结为4个方面：技术原因、教育原因、身体和态度原因以及管理原因。针对这4个方面的原因,可以采取3种防止对策:强制管理(enforcement)、教育培训(education)、工程技术(engineering),即"3E"原则。

4)本质安全化原则

本质安全化一般是针对某一个系统或设施而言,表明该系统的安全技术与安全管理水平已达到本单位的基本要求,系统可以较为安全可靠地运行。

本质安全化原则是指从一开始和本质上实现安全化,从根本上消除事故发生的可能性,从而达到预防事故发生的目的。

本质安全化是安全生产管理预防为主的根本体现,它要求设备或设施含有内在的防止发生事故的功能,而不是事后采取完善措施补偿。

本质安全化原则既可以应用于设备、设施,也能应用于建设项目。

4.强制原理

采取强制管理的手段控制人的意愿和行为,使个人的活动、行为等受到安全生产管理要求的约束,从而实现有效的安全生产管理,这就是强制原理。强制原理中,所谓强制就是绝对服从,不必经被管理者同意便可采取控制行动。

5.事故能量转移理论

事故能量转移理论是一种事故控制论。研究事故的控制的理论从事故的能量作用类型出发,即研究机械能(动能、势能)、电能、化学能、热能、声能、辐射能的转移规律;研究能量转移作用的规律,即从能级的控制技术,研究能转移的时间和空间规律;预防事故的本质是能量控制,可通过对系统能量的消除、限值、疏导、屏蔽、隔离、转移、距离控制、时间控制、局部弱化、局部强化、系统闭锁等技术措施来控制能量的不正常转移。

根据能量转移理论的概念,事故的本质是能量的不正常作用或转移。

根据能量意外释放理论,可以利用各种屏蔽或防护设施来防止意外的能量转移,从而防止事故的发生。

6.事故频发倾向理论

事故频发倾向理论是阐述企业工人中存在着个别人容易发生事故的、稳定的、个人的内在倾向的一种理论。该理论认为事故频发倾向者的存在是工业事故发生的主要原因。

二、风险管控

(一)风险管控的概念

风险管控这里主要是指安全风险管控。安全风险管控包括安全风险管理和安全生产风险控制。

安全风险管理就是指通过识别生产经营活动中存在的危险、有害因素,并运用定性或定量的统计分析方法确定其风险严重程度,进而确定风险控制的优先顺序和风险控制措施,以达到改善安全生产环境、减少和杜绝安全生产事故发生的目标而采取的措施和规定[①]。

安全生产风险控制是指企业管理者采取各种措施和方法,消灭或减少安全生产风险事件发生的各种可能性,或减少安全生产风险事件发生时造成的损失。

安全生产风险总是存在的。作为企业管理者应采取各种措施减小安全生产风险事件发生的可能性,或者把可能的损失控制在一定的范围内,以避免在安全生产风险事件发生时带来难以承担的损失。

(二)风险辨识的内容

生产经营单位风险辨识的内容主要包括两个方面,即辨识危险源和排查事故隐患。

1.危险源辨识

1)危险源

危险源是指可能导致人身伤害或健康损害的根源、状态或行为,或其组合。

2)重大危险源

重大危险源是指长期地或者临时地生产、搬运、使用或者储存危险物品,且危险物品的数量等于或者超过临界量的单元(包括场所和设施)。

危险化学品重大危险源是指按照《危险化学品重大危险源辨识》标准辨识确定,生产、储存、使用或者搬运危险化学品的数量等于或者超过临界量的单元(包括场所和设施)。

---

① 崔政斌,范拴红.危险化学品企业安全标准化[M].北京:化学工业出版社,2017.

3）危险源分类

根据危险源在事故本身发展中的作用可分为两类：

第一类危险源：产生能量的能量源或拥有能量的能量载体，如有毒物、易燃物等，锅炉、压力容器等。

第二类危险源：导致约束、限制能量措施失效，从而产生破坏的各种不安全因素，主要指人的不安全行为、物的不安全状态，如操作失误、防护不当等。

4）危险源辨识要考虑三种时态和三种状态

第一，三种时态

过去：已发生过事故的危险、有害因素。

现在：作业活动或设备等现在的危险、有害因素。

将来：作业活动发生变化，设备改进、报废、新购将会产生的危险、有害因素。

第二，三种状态

正常：作业活动或设备等按其工作任务连续长时间进行工作的状态。

异常：作业活动或设备等周期性或临时性进行工作的状态，如设备的开启、停止、检修等状态。

紧急情况：发生火灾、水灾、停电事故等状态。

2.事故隐患排查

事故隐患是指在生产经营活动中存在可能导致事故发生的物的危险（不安全）状态、人的不安全行为和管理上的缺陷。

人的不安全行为有：

（1）操作错误，忽视安全，忽视警告。

（2）造成安全装置失效。

（3）使用不安全设备。

（4）手代替工具操作。

（5）物体（指成品、半成品、材料、工具、切屑和生产用品等）存放不当。

（6）冒险进入危险场所。

（7）攀、坐不安全位置（如窗台护栏、汽车挡板、吊车吊钩）。

（8）在起吊物下作业、停留。

（9）机器运转时进行加油、修理、检查、调整、焊扫、清扫等工作。

（10）有分散注意力行为。

（11）在必须使用个人防护用品用具的作业或场合中，忽视其使用。

（12）不安全装束。

（13）对易燃、易爆等危险物品处理错误。

物的不安全状态有：

（1）防护、保险、信号等装置缺乏或有缺陷。

（2）设备、设施、工具、附件有缺陷。

（3）个人防护用品用具——防护服、手套、护目镜及面罩、呼吸器官护具、听力护具、安全带、安全帽、安全鞋等缺少或有缺陷。

（4）生产（施工）场地环境不良。

安全管理上的缺陷有：

（1）安全生产管理组织机构不健全。

（2）安全生产责任制不落实。

（3）安全生产管理规章制度不完善。

（4）建设项目"三同时"制度不落实。

（5）操作规程不规范。

（6）事故应急预案及响应缺陷。

（7）培训制度不完善。

（8）安全生产投入不足。

（9）职业健康管理不完善。

（10）其他管理因素缺陷等。

（三）安全评价

安全评价是以实现安全为目的、应用安全系统工程原理和方法，辩识与分析工程、系统、生产经营活动中的危险、有害因素，做出评价结论的活动。安全评价可针对一个特定的对象，也可针对一定的区域范围。建设项目安全验收评价报告应当符合《危险化学品建设项目安全评价细则》的要求。不论企业规模大小，不依法进行安全评价的企业，不能获得安全生产许可证；经过安全评价，发现企业不具备安全生产条件的，也不能获得安全生产许可证。危险化学品生产经营单位申请安全生产（经营)许可证时,应自主选择具有资质的安全评价机构,对本单位的安全生产条件进行安全评价。

1.安全评价依据

根据《危险化学品安全管理条例》的规定,生产、储存危险化学品的企业,应当委托具备国家规定的资质条件的机构,对本企业的安全生产条件每3年进行一次安全评价,提出安全评价报告。安全评价报告的内容应当包括对安全生产条件存在的问题进行整改的方案。生产、储存危险化学品的企业,应当将安全评价报告以及整改方案的落实情况上报所在地县级人民政府应急管理部门备案。在港区内储存危险化学品的企业,应当将安全评价报告以及整改方案的落实情况报港口行政管理部门备案。

2.安全评价分类

安全评价按照实施阶段的不同和评价的目的分为安全预评价、安全验收评价、安全现状评价(安全现状综合评价)、专项安全评价。生产经营单位新建、改建、扩建工程项目的安全设施"三同时"评价工作,属于安全评价类型的安全预评价和安全验收评价。

1)安全预评价

安全预评价是在建设项目可行性研究阶段、工业园区规划阶段或生产经营活动组织实施之前,根据相关的基础资料,辩识与分析建设项目、工业园区、生产经营活动潜在的危险和有害因素,确定其与安全生产法律法规、标准、行政规章、规范的符合性,预测发生事故的可能性及其严重程度,提出科学、合理、可行的安全对策措施及建议,做出安全评价结论的活动。

2)安全验收评价

安全验收评价是在建设项目竣工后、正式生产运行前或工业园区建设完成后,通过检查建设项目安全设施与主体工程同时设计、同时施工、同时投入生产和使用的情况或工业园区内的安全设施、设备、装置投入生产和使用的情况,检查安全生产管理措施到位情况,检查安全生产规章制度健全情况,检查事故应急救援预案建立情况,审查确定建设项目、工业园区建设满足安全生产法律法规、标准、规范要求的符合性,从整体上确定建设项目、工业园区的运行状况和安全管理情况,做出安全验收评价结论的活动。

3)安全现状评价(安全现状综合评价)

安全现状评价既适用于对一个生产经营单位或一个工业园区的评价,也适用于某一特定的生产方式、生产工艺、生产装置或作业场所的评价。

安全现状评价是针对生产经营活动中存在的事故风险及安全管理等情况,辩识与分析其存在的危险、有害因素,审查确定其与安全生产法律法规、规章、标准、规范要求的符合性,做出安全现状评价结论的活动。

4)专项安全评价

专项安全评价是针对某一活动或场所,以及一个特定的行业、产品、生产方式、生产工艺或生产装置等存在的危险和有害因素进行的专项安全评价。

安全评价报告应当对生产、储存装置存在的安全问题提出整改方案。安全评价中发现生产、储存装置存在现实危险的,应当立即停止使用,予以更换或者修复,并采取相应的安全措施。

3.安全评价工作程序

1)前期准备

2)安全评价

辨识危险有害因素;划分评价单元;确定安全评价方法;定性、定量分析危险、有害程度;分析安全条件和安全生产条件;提出安全对策与建议;整理、归纳安全评价结论。

3)与建设单位交换意见

4)编制安全评价报告

4.前期准备

1)确定安全评价对象和范围

根据建设项目的实际情况,与建设单位共同协商确定安全评价对象和范围。

2)收集、整理安全评价所需资料

在充分调查研究安全评价对象和范围相关情况后,收集、整理安全评价所需要的各种文件、资料和数据。

5.建设项目设立的安全评价内容

1）建设项目概况

简述建设项目设计上采用的主要技术、工艺（方式）和国内、外同类建设项目水平对比情况。

简述建设项目所在的地理位置、用地面积和生产或者储存规模。

阐述建设项目涉及的主要原辅材料和品种（包括产品、中间产品，下同）名称、数量及储存。

描述建设项目选择的工艺流程、选用的主要装置（设备）和设施的布局及其上下游生产装置的关系。

描述建设项目配套和辅助工程名称、能力（或者负荷）、介质（或者物料）来源。

描述建设项目选用的主要装置（设备）和设施名称、型号（或者规格）、材质、数量和主要特种设备。

2）原料、中间产品、最终产品或者储存的危险化学品的理化性能指标

搜集整理建设项目涉及的原料、中间产品、最终产品或者储存的危险化学品的物理性质、化学性质、危险性和危险类别及数据来源。

3）危险化学品包装、储存、运输的技术要求

搜集整理建设项目涉及的原料、中间产品、最终产品或者储存的危险化学品包装、储存、运输的技术要求及信息来源。

4）建设项目的危险、有害因素和危险、有害程度

危险、有害因素：危险和有害因素是指可对人造成伤亡，影响人的身体健康甚至导致疾病的因素。比如运用危险、有害因素辨识的科学方法，辨识建设项目可能造成爆炸、火灾、中毒、灼烫事故的危险、有害因素及其分布。危险、有害因素的识别是指识别危险、有害因素的存在并确定其性质的过程。其他厂产生的有害因素对本厂职工产生影响，属于生产环境中的有害因素。分析建设项目可能造成作业人员伤亡的其他危险、有害因素及其分布。

危险、有害程度：①评价单元的划分：根据建设项目的实际情况和安全评价的需要，可以将建设项目外部安全条件、总平面布置、主要装置（设施）、公用工程划分为评价单元。工业企业厂区总平面布置应明确功

能分区,可分为生产区、辅助生产区、非生产区。②安全评价方法的确定:可选择国际、国内通行的安全评价方法;对国内首次采用新技术、新工艺的建设项目的工艺安全性分析,除选择其他安全评价方法外,尽可能选择危险和可操作性研究法进行。③固有危险程度的分析:定量分析建设项目中具有爆炸性、可燃性、毒性、腐蚀性的化学品数量、浓度(含量)、状态和所在的作业场所(部位)及其状况(温度、压力);定性分析建设项目总的和各个作业场所的固有危险程度;通过计算,定量分析建设项目安全评价范围内和各个评价单元的固有危险程度,例如某化学品具有爆炸性的化学品的质量及相当于2,4,6-三硝基甲苯(TNT)的物质的量;具有可燃性的化学品的质量及燃烧后放出的热量;具有毒性的化学品的浓度及质量;具有腐蚀性的化学品的浓度及质量。④风险程度的分析:根据已辨识的危险有害因素,运用合适的安全评价方法,定性、定量分析和预测各个安全评价单元以下几方面内容,建设项目出现具有爆炸性、可燃性、毒性、腐蚀性的化学品泄漏的可能性;出现具有爆炸性、可燃性的化学品泄漏后具备造成爆炸、火灾事故的条件和需要的时间;出现具有毒性的化学品泄漏后扩散速率及达到人的接触最高限值的时间;出现爆炸、火灾、中毒事故造成人员伤亡的范围。列举与建设项目同样或者同类生产技术、工艺、装置(设施)在生产或者储存危险化学品过程中发生的事故案例的结果和原因。

5)建设项目的安全条件

第一步,搜集、调查和整理建设项目的外部情况。

根据爆炸、火灾、中毒事故造成人员伤亡的范围,搜集、调查和整理在此范围的建设项目周边24 h内生产经营活动和居民生活的情况。搜集、调查和整理建设项目所在地的自然条件。

搜集、调查和整理建设项目中危险化学品生产装置和储存数量构成重大危险源的储存设施与特定场所、区域的距离。

第二步,分析建设项目的安全条件。

分析建设项目内在的危险、有害因素和建设项目可能发生的各类事故,对建设项目周边单位生产、经营活动或者居民生活的影响。

分析建设项目周边单位生产、经营活动或者居民生活对建设项目投入生产或者使用后的影响。

分析建设项目所在地的自然条件对建设项目投入生产或者使用后的影响。

6）主要技术、工艺或者方式和装置、设备、设施及其安全可靠性

分析拟选择的主要技术、工艺或者方式和装置、设备、设施的安全可靠性。

分析拟选择的主要装置、设备或者设施与危险化学品生产或者储存过程的匹配情况。

分析拟为危险化学品生产或者储存过程配套和辅助的工程能否满足安全生产的需要。

7）安全对策与建议

根据上述安全评价的结果，从以下几方面提出采用（取）安全设施的安全对策与建议：①建设项目的选址。②拟选择的主要技术、工艺或者方式和装置、设备、设施。③拟为危险化学品生产或者储存过程配套和辅助的工程。④建设项目中主要装置、设备、设施的布局。⑤事故应急救援措施和器材、设备。

8）建设项目安全设施竣工验收的安全评价内容

第一，建设项目概况描述。

第二，危险、有害因素和固有的危险、有害程度，包括：①危险、有害因素辨识和分析。②固有的危险、有害程度分析。③风险程度分析。④建设项目的安全条件分析。

第三，安全设施的施工、检验。包括：①检测和调试情况。②调查、分析建设项目安全设施的施工质量情况。③调查、分析建设项目安全设施在施工前后的检验、检测情况及有效性情况。④调查、分析建设项目安全设施试生产（使用）前的调试情况。

第四，安全生产条件。内容包括：①评价单元划分。②安全评价方法的选择：对建设项目安全设施竣工验收的安全评价，以安全检查表的方法为主，其他方面的安全评价为辅，可选择国际、国内通行的安全评价方法。③事先把系统加以剖析，列出各层次的不安全因素，确定检查项目，并把检查项目按系统的组成顺序编制成表，以便进行检查或评审。这种检查方法属于安全检查表法。

对安全生产条件的分析：

a.调查、分析建设项目采用(取)的安全设施情况:列出建设项目采用(取)的全部安全设施,并对每个安全设施说明符合或者高于国家现行有关安全生产法律、法规和部门规章及标准的具体条款;列出借鉴国内外同类建设项目所采取(用)的安全设施,并对每个安全设施说明依据;列出未采取(用)设计的安全设施。

b.调查、分析安全生产管理情况:安全生产责任制的建立和执行情况;安全生产管理制度的制定和执行情况;安全技术规程和作业安全规程的制定和执行情况;安全生产管理机构的设置和专职安全生产管理人员的配备情况;主要负责人、分管负责人和安全管理人员、其他管理人员安全生产知识和管理能力;其他从业人员掌握安全知识、专业技术、职业卫生防护和应急救援知识的情况;安全生产投入的情况;安全生产的检查情况;重大危险源的辨识和已确定的重大危险源检测、评估和监控情况;从业人员劳动防护用品的配备及其检修、维护和法定检验、检测情况。

c.技术、工艺:建设项目试生产(使用)的情况;危险化学品生产、储存过程控制系统及安全联锁系统等运行情况。

d.装置、设备和设施:装置、设备和设施的运行情况;装置、设备和设施的检修、维护情况;装置、设备和设施的法定检验、检测情况。

e.原料、辅助材料和产品:属于危险化学品的原料、辅助材料、产品、中间产品的包装、储存、运输情况。

f.作业场所:职业危害防护设施的设置情况;职业危害防护设施的检修、维护情况;作业场所的法定职业危害监测、监控情况;建(构)筑物的建设情况。

g.事故及应急管理:可能发生的事故应急救援预案的编制情况;事故应急救援组织的建立和人员的配备情况;事故应急救援预案的演练情况;事故应急救援器材、设备的配备情况;事故调查处理与吸取教训的工作情况。

h.其他方面:与已有生产、储存装置、设施和辅助(公用)工程的衔接情况;与周边社区、生活区的衔接情况。

第五,可能发生的危险化学品事故及后果、对策。

预测可能发生的各种危险化学品事故及后果、对策。列举事故案例。

第六,事故应急救援预案:根据建设项目投入生产(使用)后可能发生的事故预测与对策,分析事故应急救援预案与演练等情况。

第七,结论和建议。

结论:根据上述安全评价结果、国内外同类装置(设施)的设计情况和国家现行有关安全生产法律、法规和部门规章及标准的规定和要求,从以下几方面作出结论。

a.建设项目所在地的安全条件和与周边的安全防护距离。

b.建设项目安全设施设计的采纳情况和已采用(取)的安全设施水平。

c.建设项目试生产(使用)中表现出来的技术、工艺和装置、设备(设施)的安全、可靠性和安全水平。

d.建设项目试生产(使用)中发现的设计缺陷和事故隐患及其整改情况。

e.建设项目试生产(使用)后具备国家现行有关安全生产法律.法规和部门规章及标准规定和要求的安全生产条件。

建议:根据国内外同类危险化学品生产或者储存装置(设施)持续改进的情况、企业管理模式和趋势,以及国家有关安全生产法律、法规和部门规章及标准的发展趋势,从下列几方面提出建议。

a.安全设施的更新与改进。

b.安全条件和安全生产条件的完善与维护。

c.主要装置、设备(设施)和特种设备的维护与保养。

d.安全生产投入。

e.其他方面。

9)与建设单位交换意见

评价机构应当就建设项目安全评价中各个方面的情况,与建设单位反复、充分交换意见。

评价机构与建设单位对建设项目安全评价中某些内容达不成一致意见时,评价机构在安全评价报告中应当如实说明建设单位的意见及其理由。

10)安全评价报告

安全评价工作经过:包括建设安全评价和前期准备情况、对象及范围、工作经过和程序。

建设项目概况:包括建设项目的投资单位组成及出资比例、建设项目所在单位基本情况和建设项目概况。

危险、有害因素的辨识结果及依据说明。

安全评价单元的划分结果及理由说明。

采用的安全评价方法及理由说明。

定性、定量分析危险、有害程度的结果:包括固有危险程度和风险程度的定性、定量分析结果。

安全条件和安全生产条件的分析结果:包括安全条件、安全生产条件的分析结果和事故案例的后果、原因。

安全对策与建议和结论。

与建设单位交换意见的情况结果。

(四)安全风险管控的措施

企业在进行风险管控时,第一,要确定安全风险程度的大小,评估安全事故的发生概率、损失大小、社会影响等。企业应根据风险评价的结果及经营运行情况等,确定不可接受的风险,制定并落实控制措施,将风险尤其是重大风险控制在可以接受的程度。第二,在选择风险控制措施时要考虑到可行性、安全性、可靠性。第三,要综合采取多样措施,如工程技术措施、管理措施等。

1.安全管理措施

依据有关法律、法规、规章、标准和中国共产党中央委员会、中华人民共和国国务院关于推进安全生产领域改革发展的意见,企业在风险管控方面应采取以下几方面措施。

(1)建立安全预防控制体系:企业要建立完善的安全预防控制体系,如安全生产动态监控及预警预报体系、重大危险源信息管理体系等,实行风险预警控制。

(2)建立风险管控责任制:按照"分区域、分级别、网格化"的原则,明确落实每一处安全风险源的安全管理措施与监管责任人。定期开展风险评估和危害辨识,每月进行一次安全生产风险分析。

（3）针对高危工艺、设备、物品、场所和岗位，建立分级管控制度，制定落实安全操作规程。

（4）开展经常性的应急演练和人员避险自救培训，着力提升现场应急处置能力。

（5）加强新材料、新工艺、新业态安全风险评估和管控。

（6）位置相邻、行业相近、业态相似的企业、地区和行业要建立完善重大安全风险联防联控机制。

（7）树立隐患就是事故的观念，建立健全隐患排查治理制度、重大隐患治理情况向负有安全生产监督管理职责的部门和企业职代会"双报告"制度，实行自查自改自报闭环管理。

（8）严格执行安全生产和职业健康"三同时"制度。

大力推进企业安全生产标准化建设，实现安全管理、操作行为、设备设施和作业环境的标准化。

2.安全技术措施

安全技术措施是指运用工程技术手段消除物的不安全因素，实现生产工艺和机械设备等生产条件本质安全的措施。

按照危险有害因素的类别可分为防火防爆安全技术措施、锅炉与压力容器安全技术措施、起重与机械安全技术措施、电气安全技术措施等。

按照导致事故的原因可分为防止事故发生的安全技术措施、减少事故损失的安全技术措施等。

1）预防事故发生的安全技术措施

预防事故发生的安全技术措施是指为了防止事故发生，采取的约束、限制能量或危险物质，防止其意外释放的安全技术措施。

预防事故发生的安全技术措施包括消除危险源，限制能量或危险物质，隔离，安全设计，减少故障和失误。

预防事故的设施包括：检测、报警设施；设备安全防护设施；防爆设施；作业场所防护设施；安全警示标志。

2）减少事故损失的安全技术措施

防止意外释放的能量引起人的伤害或物的损坏，或减轻其对人的伤害或对物的破坏的技术措施称为减少事故损失的安全技术措施。该类技术措施是在事故发生后，迅速控制局面，防止事故的扩大，避免引起二次事故的发生,从而减少事故造成的损失。

常用的减少事故损失的安全技术措施包括隔离、设置薄弱环节、个体防护、避难与救援。控制、减少和消除事故影响的设施包括:泄压和止逆设施;紧急处理设施;防止火灾蔓延设施;灭火设施;紧急个体处置设施;逃生设施;应急救援设施。

电气安全技术措施包括:接零、接地保护系统;漏电保护;绝缘;电气隔离;安全电压;屏护和安全距离;联锁保护等。

机械安全技术措施包括:采用本质安全技术;限制机械应力,检测材料和物质的安全性;遵循安全人机工程学原则;设计控制系统的安全原则;安全防护措施等。

三、事故隐患排查治理

事故隐患(以下简称隐患),是指不符合安全生产法律、法规、规章、标准、规程和安全生产管理制度的规定,或者因其他因素在生产经营活动中存在可能导致事故发生或导致事故后果扩大的人的不安全行为、物的危险状态和管理上的缺陷。

(一)建立健全隐患排查治理制度和管理体系

隐患排查治理是企业安全管理的基础工作,是企业安全生产标准化风险管理要素的重点内容,应按照"谁主管、谁负责"和"全员、全过程、全方位、全天候"的原则,明确职责,建立健全企业隐患排查治理制度和保证制度有效执行的管理体系,努力做到及时发现、及时消除各类安全生产隐患,保证企业安全生产。

(二)建立和不断完善隐患排查体制机制

企业应建立和不断完善隐患排查体制机制,主要内容如下。

1.负责人排查

企业主要负责人对本单位事故隐患排查治理工作全面负责,应保证隐患治理的资金投入,及时掌握重大隐患治理情况,治理重大隐患前要督促有关部门制定有效的防范措施,并明确分管负责人。

分管负责隐患排查治理的负责人,负责组织检查隐患排查治理制度落实情况,定期召开会议研究解决隐患排查治理工作中出现的问题,及时向主要负责人报告重大情况,对所分管部门和单位的隐患排查治理工作负责。

其他负责人对所分管部门和单位的隐患排查治理工作负责。

2. 隐患排查

隐患排查要做到全面覆盖、责任到人，定期排查与日常管理相结合，专业排查与综合排查相结合，一般排查与重点排查相结合，确保横向到边、纵向到底、及时发现、不留死角。

3. 隐患治理

隐患治理要做到方案科学、资金到位、治理及时、责任到人、限期完成。能立即整改的隐患必须立即整改，无法立即整改的隐患，治理前要研究制定防范措施，落实监控责任，防止隐患发展为事故。

技术力量不足或危险化学品安全生产管理经验欠缺的企业应聘请有经验的化工专家或注册安全工程师指导企业开展隐患排查治理工作。

涉及重点监管危险化工工艺、重点监管危险化学品和重大危险源（以下简称"两重点一重大"）的危险化学品生产、储存企业应定期开展危险与可操作性分析（HAZOP），用先进科学的管理方法系统排查事故隐患。

4. 隐患排查制度

企业要建立健全隐患排查治理管理制度，包括隐患排查、隐患监控、隐患治理、隐患上报等内容。

隐患排查要按专业和部位，明确排查的责任人、排查内容、排查频次和登记上报的工作流程。

隐患监控要建立事故隐患信息档案，明确隐患的级别，按照"五定"（定整改方案、定资金来源、定项目负责人、定整改期限、定控制措施）的原则，落实隐患治理的各项措施，对隐患治理情况进行监控，保证隐患治理按期完成。

隐患治理要分类实施：能够立即整改的隐患，必须确定责任人组织立即整改，整改情况要安排专人进行确认；无法立即整改的隐患，要按照评估—治理方案论证—资金落实—限期治理—验收评估—销号的工作流程，明确每一工作节点的责任人，实行闭环管理；重大隐患治理工作结束后，企业应组织技术人员和专家对隐患治理情况进行验收，保证按期完成和治理效果。

隐患上报要按照安全监管部门的要求,建立与应急管理部门隐患排查治理信息管理系统联网的"隐患排查治理信息系统",每个月将开展隐患排查治理情况和存在的重大事故隐患上报当地安全监管部门,发现无法立即整改的重大事故隐患,应当及时上报。

5.隐患排查制度信息化

要借助企业的信息化系统对隐患排查、监控、治理、验收评估、上报情况实行建档登记,重大隐患要单独建档。

(三)隐患排查方式及频次

1.隐患排查方式

(1)隐患排查工作可与企业各专业的日常管理、专项检查和监督检查等工作相结合,科学整合下述方式进行。

①日常隐患排查。②综合性隐患排查。③专业性隐患排查。④季节性隐患排查。⑤重大活动及节假日前隐患排查。⑥事故类比隐患排查。

(2)日常隐患排查是指班组、岗位员工的交接班检查和班中巡回检查,以及基层单位领导和工艺、设备、电气、仪表、安全等专业技术人员的日常性检查。日常隐患排查要加强对关键装置、要害部位、关键环节、重大危险源的检查和巡查。

(3)综合性隐患排查是指以保障安全生产为目的,以安全责任制各项专业管理制度和安全生产管理制度落实情况为重点,各有关专业和部门共同参与的全面检查。

(4)专业隐患排查主要是指对区域位置及总图布置、工艺、设备、电气、仪表、储运、消防和公用工程等系统分别进行专业检查。

(5)季节性隐患排查是指根据各季节特点开展的专项隐患检查。

(6)重大活动及节假日前隐患排查主要是指在重大活动和节假日前,对装置生产是否存在异常状况和隐患、备用设备状态、备品备件、生产及应急物资储备、保运力量安排、企业保卫、应急工作等进行的检查,特别是要对节日期间干部带班值班、机电仪保运及紧急抢修力量安排、备件及各类物资储备和应急工作进行重点检查。

(7)事故类比隐患排查是对企业内和同类企业发生事故后举一反三进行安全检查。

2.隐患排查频次确定

(1)企业进行隐患排查的频次应满足以下内容。

①装置操作人员现场巡检间隔不得大于2小时,涉及"两重点一重大"的生产、储存装置和部位的操作人员现场巡检间隔不得大于1小时,宜采用不间断巡检方式进行现场巡检。②基层车间(装置,下同)直接管理人员(主任、工艺设备技术人员)、电气、仪表人员每天至少两次对装置现场进行相关专业检查。③基层车间应结合岗位责任制检查,至少每周组织一次隐患排查,并和日常交接班检查和班中巡回检查中发现的隐患一起进行汇总;基层单位(厂)应结合岗位责任制检查,至少每月组织一次隐患排查。④企业应根据季节性特征及本单位的生产实际,每季度开展一次有针对性的季节性隐患排查;重大活动及节假日前必须进行一次隐患排查。⑤企业至少每半年组织一次,基层单位至少每季度组织一次综合性隐患排查和专业隐患排查,两者可结合进行。⑥当获知同类企业发生伤亡及泄漏、火灾爆炸等事故时,应举一反三,及时进行事故类比隐患专项排查。⑦对于区域位置、工艺技术等不经常发生变化的,可依据实际变化情况确定排查周期,如果发生变化,应及时进行隐患排查。

(2)当发生以下情形之一,企业应及时组织进行相关专业的隐患排查。

①颁布实施有关新的法律法规、标准规范或原有适用法律法规、标准规范重新修订的。②组织机构和人员发生重大调整的。③装置工艺、设备、电气、仪表、公用工程或操作参数发生重大改变的,应按变更管理要求进行风险评估。④外部安全生产环境发生重大变化。⑤发生事故或对事故.事件有新的认识。⑥气候条件发生大的变化或预报可能发生重大自然灾害。

(3)涉及"两重点一重大"的危险化学品生产,储存企业应每五年至少开展一次危险与可操作性分析(HAZOP)。

(四)隐患排查内容

根据危险化学品企业的特点,隐患排查包括但不限于以下内容:

安全基础管理、区域位置和总图布置、工艺、设备、电气系统、仪表系统、危险化学品管理、储运系统、公用工程、消防系统。

1.安全基础管理

（1）安全生产管理机构建立健全情况，安全生产责任制和安全管理制度建立健全及落实情况。

（2）安全投入保障情况，参加工伤保险、安全生产责任险的情况。

（3）安全培训与教育情况。

（4）企业开展风险评价与隐患排查治理情况。

（5）事故管理、变更管理及承包商的管理情况。

（6）危险作业和检维修的管理情况。

（7）危险化学品事故的应急管理情况。

2.区域位置和总图布置

（1）危险化学品生产装置和重大危险源储存设施与《危险化学品安全管理条例》中规定的重要场所的安全距离。

（2）可能造成水域环境污染的危险化学品危险源的防范情况。

（3）企业周边或作业过程中存在的易由自然灾害引发事故灾难的危险点排查、防范和治理情况。

（4）企业内部重要设施的平面布置以及安全距离。

（5）其他总图布置情况。

3.工艺管理

（1）工艺的安全管理。

（2）工艺技术及工艺装置的安全控制。

（3）现场工艺安全状况。

4.设备管理

（1）设备管理制度与管理体系的建立与执行情况。

（2）设备现场的安全运行状况。

（3）特种设备（包括压力容器及压力管道）的现场管理。

5.电气系统

（1）电气系统的安全管理。

（2）供配电系统、电气设备及电气安全设施的设置。

（3）电气设施、供配电线路及临时用电的现场安全状况。

6.仪表系统

（1）仪表的综合管理。

（2）系统配置。

（3）现场各类仪表完好有效，检验维护及现场标识情况。

7.危险化学品管理

（1）危险化学品分类.登记与档案的管理。

（2）化学品安全信息的编制、宣传、培训和应急管理。

8.储运系统

（1）储运系统的安全管理情况。

（2）储运系统的安全设计情况。

（3）储运系统罐区、储罐本体及其安全附件、铁路装卸区、汽车装卸区等设施的完好性。

9.消防系统

（1）建设项目消防设施验收情况；企业消防安全机构、人员设置与制度的制定，消防人员培训，消防应急预案及相关制度的执行情况；消防系统运行检测情况。

（2）消防设施与器材的设置情况。

（3）固定式与移动式消防设施、器材和消防道路的现场状况。

10.公用工程系统

（1）给排水、循环水系统、污水处理系统的设置与能力能否满足各种状态下的需求。

（2）供热站及供热管道设备设施、安全设施是否存在隐患。

（3）空分装置、空压站位置的合理性及设备设施的安全隐患。

（五）隐患治理与上报

1.隐患级别

（1）事故隐患可按照整改难易及可能造成的后果严重性，分为一般事故隐患和重大事故隐患。

（2）一般事故隐患，是指危害和整改难度较小，发现后能够立即整改排除的隐患。对于一般事故隐患，可按照隐患治理的负责单位，分为班组级、基层车间级、基层单位（厂）级直至企业级。

（3）重大事故隐患，是指危害和整改难度较大，应当全部或者局部停产停业，并经过一定时间整改治理方能排除的隐患或者因外部因索影响致使生产经营单位自身难以排除的隐患。重大事故隐患可能导致重大人身伤亡或者重大经济损失。

2.隐患治理

(1)企业应对排查出的各级隐患,做到"五定",并将整改落实情况纳入日常管理进行监督,及时协调在隐患整改中存在的资金技术、物资采购、施工等各方面问题。

(2)对一般事故隐患,由生产经营单位(车间、分厂、区队等)负责人或者有关人员立即组织整改。

(3)对于重大事故隐患,企业要结合自身的生产经营实际情况,确定风险可接受标准,评估隐患的风险等级。

(4)重大事故隐患的治理应满足以下要求。

①当处于很高风险区域时,应立即采取充分的风险控制措施,防止事故发生,同时编制重大事故隐患治理方案,尽快进行隐患治理,必要时立即停产治理。②当处于一般高风险区域时,企业应采取充分的风险控制措施,防止事故发生,并编制重大事故隐患治理方案,选择合适的时机进行隐患治理。③对处于中风险的重大事故隐患,应根据企业实际情况,进行成本—效益分析,编制重大事故隐患治理方案,选择合适的时机进行隐患治理,尽可能将其降低到低风险。

(5)对于重大事故隐患,由企业主要负责人组织制定并实施事故隐患治理方案。重大事故隐患治理方案应包括:①治理的目标和任务。②采取的方法和措施。③经费和物资的落实。④负责治理的机构和人员。⑤治理的时限和要求。⑥防止整改期间发生事故的安全措施。

(6)事故隐患治理方案、整改完成情况、验收报告等应及时归入事故隐患档案。隐患档案应包括以下信息:隐患名称、隐患内容、隐患编号、隐患所在单位、专业分类、归属职能部门、评估等级、整改期限、治理方案、整改完成情况、验收报告等。事故隐患排查、治理过程中形成的传真、会议纪要、正式文件等,也应归入事故隐患档案。

3.隐患上报

(1)企业应当定期通过"隐患排查治理信息系统"向属地应急管理部门和相关部门上报隐患统计汇总及存在的重大隐患情况。

(2)对于重大事故隐患,企业除依照前款规定报送(包括季报、年报)外,应当及时向应急管理部门和有关部门报告。重大事故隐患报告的内容应当包括:①隐患的现状及其产生原因。②隐患的危害程度和整改难易程度分析。③隐患的治理方案。

四、安全生产标准化

安全生产标准化是指通过建立安全生产责任制,制定安全管理制度和操作规程,排查治理事故隐患和监控重大危险源,建立预防机制,规范生产行为,使各生产环节符合有关安全生产法律法规和标准规范的要求,人、机、物及环境处于良好的生产状态,并持续改进,不断加强企业安全生产规范化建设。

安全生产标准化是为安全生产活动获得最佳秩序,保证安全管理及生产条件达到法律、行政法规、部门规章和标准等要求制定的规则。

开展安全生产标准化工作是企业的自主行为,同时需要政府或其他有关部门的指导、推进、监督与考核。

危险化学品从业单位安全生产标准化评审标准提出了以下11项一级要素、55项二级要素。

(一)法律、法规和标准

内容包括:法律、法规和标准的识别和获取;法律、法规和标准符合性评价。

企业应每年至少一次对适用的安全生产法律、法规、标准及其他要求进行符合性评价,消除违规现象和行为。

(二)机构和职责

(1)方针目标;

(2)负责人;

(3)职责;

(4)组织机构;

(5)安全生产投入。

(三)风险管理

(1)范围与评价方法;

(2)风险评价;

(3)风险控制;

(4)隐患排查与治理;

（5）重大危险源；

（6）变更；

（7）风险信息更新；

（8）供应商。

风险评价是对系统存在的危险进行定性或定量的分析，得出系统发生危险的可能性及其后果严重程度的评价。

（四）管理制度

（1）安全生产规章制度；

（2）操作规程；

（3）修订。

（五）培训教育

（1）培训教育管理；

（2）从业人员岗位标准；

（3）管理人员培训；

（4）从业人员培训教育；

（5）其他人员培训教育；

（6）日常安全教育。

（六）生产设施及工艺安全

（1）生产设施建设；

（2）安全设施；

（3）特种设备；

（4）工艺安全；

（5）关键装置及重点部位；

（6）检维修；

（7）拆除和报废。

（七）作业安全

（1）作业许可；

（2）警示标志；

（3）作业环节；

（4）承包商。

（八）职业健康

(1)职业危害项目申报；

(2)作业场所职业危害管理；

(3)劳动防护用品。

（九）危险化学品管理

(1)危险化学品档案

(2)化学品分类

(3)化学品安全技术说明书和安全标签

(4)化学事故应急咨询服务电话

(5)危险化学品登记

(6)危害告知

(7)储存和运输

（十）事故与应急

(1)应急指挥与救援系统

(2)应急救援设施

(3)应急救援预案与演练

(4)抢险与救护

(5)事故报告

(6)事故调查

（十一）检查与自评

(1)安全检查

(2)安全检查形式与内容

(3)整改

(4)自评

第三章 常见危险化学品的危险特征及事故类型

第一节 爆炸品的危险特征及其事故类型

爆炸品指在外界作用下（如受热、撞击等）能发生剧烈的化学反应，瞬时产生大量气体和热量，导致周围压力急剧上升、发生爆炸，从而对周围环境造成破坏的物品；也包括无整体爆炸危险，但具有燃烧、抛射及较小爆炸危险，或仅产生热、光、音响或烟雾等一种或几种作用的烟火制品。

爆炸品实际上是炸药和爆炸性药品及其制品的总称。只要充分了解爆炸物质的危险特性，就可以基本掌握爆炸品的危险特性。其危险特性如下。

（1）爆炸性。从爆炸品的定义可以看出，爆炸品均有爆炸性。爆炸品的爆炸与其他混合物的爆炸不同，主要具有以下特点。

化学反应速度很快：爆炸品的爆炸反应速度很快，可在万分之一秒或更短的时间内发生爆炸[①]。

反应过程中放出大量的热：爆炸品爆炸时可放出大量的热量，同时温度可达 4 250℃，压力可达 912 MPa。如此高温高压形成的冲击波，能使周围的建筑物、设备和人员等受到较大破坏或伤害。

反应过程中产生大量的气体产物：凝聚相爆炸品在爆炸的瞬间，迅速转变为气体状态，使原来的体积成百上千倍地增加。如每千克硝化甘油爆炸后能产生 0.716 m³ 气体。

（2）敏感易爆性。炸药的敏感性是指炸药在受到环境的加热、撞击、摩擦或电火花等外界能量作用时发生着火或爆炸的难易程度。这是炸药的一个重要特性，即如果对外界作用比较敏感，就可以用火焰、撞击、

①唐友.危险化学品的火灾爆炸危险性分析[J].煤化工,2006(4):51-53.

摩擦、针刺或电能等较小的简单的初始冲能就能引起爆炸。炸药对外界作用的敏感程度是不同的,有的甚至差别很大。如碘化氮这种起爆药若用羽毛轻轻触动就可能引起爆炸;而常用的炸药TNT(2,4,6-三硝基甲苯,梯恩梯)即使用枪弹射穿也不会爆炸。炸药引爆所需的初始冲能愈小,说明该炸药愈敏感。初始冲能又叫爆冲能,是指激发炸药爆炸所需的最小能量。

(3)自燃危险性。一些火药在一定温度下可不用火源的作用即自行着火或爆炸,如双基火药长时间堆放在一起时,由于火药的缓慢热分解放出的热量及产生的NO_2气体不能及时散发出去,火药内部就会产生热积累,当达到其自燃点时便会自行着火或爆炸。这是火药爆炸品在储存和运输工作中需特别注意的问题。

(4)遇热(火焰)易爆性。炸药对热的作用是十分敏感的,在实际工作中炸药经常因为遇到高温或火焰的作用而发生爆炸。为了保证安全,要在生产、运输、储存和使用过程中让炸药远离各种高温和热源。

(5)静电危险性。炸药是电的不良导体。在生产、包装、运输和使用过程中,炸药会经常与容器壁或其他介质摩擦,这样就会产生静电,在没有采取有效接地措施导除静电的情况下,就会使静电聚集起来。这种聚集的静电可以表现出很高的静电电位,最高可达几万伏,一旦形成放电条件,就会发生放电火花。当放电能量达到足以点燃炸药时,就会出现着火、爆炸事故。

(6)爆炸破坏性。爆炸品一旦发生爆炸,爆炸中心的高温、高压气体产物会迅速向外膨胀,剧烈地冲击、压缩周围原来平静的空气,使其压力、密度、温度突然升高,形成很强的空气冲击波并迅速向外传播。冲击波在传播过程中有很大的破坏力,会使周围建筑物遭到破坏,人员遭受伤害。

(7)着火危险性及其事故类型。炸药的组成成分都是易燃物质,着火不需外界供给氧气,这是因为许多炸药本身就是含氧的化合物或者是可燃物与氧化剂的混合物,受激发能源作用,即能发生氧化还原反应而形成分解式燃烧。同时,炸药爆炸时放出大量的热,形成数千摄氏度的高温,能使自身分解出的可燃性气态产物和周围接触的可燃物质起火燃烧,造成重大火灾事故。

(8)不稳定性及其事故类型。爆炸品除具有爆炸性和对撞击、摩擦、温度、杂质的敏感性外,还有遇酸分解、受光线照射分解、与某些金属接触产生不稳定的盐类等特性。这些特性统称为爆炸品的不稳定性。雷汞炸药遇浓硫酸会发生猛烈的分解而爆炸。TNT炸药受日光照射,会使敏感度增高,容易引起爆炸。苦味酸(2,4,6-三硝基苯酚)炸药能与金属反应生成苦味酸盐(如苦味酸钠、苦味酸胺),它对摩擦、冲击的敏感度比苦味酸炸药还要高,因此,苦味酸盐常用作起爆药。硝铵炸药容易因吸湿结块而变质,会降低了爆炸能力甚至拒爆。对已经结块的硝铵炸药,严禁用铁器进行捣碎,以防止发生爆炸。硝化甘油类混合炸药,由于硝化甘油中的残留酸没有洗干净,经长期储存,温度过高会自行分解,甚至发生爆炸。

为了保持炸药自身的物理化学性能和爆炸能力,对不同种类的炸药限定了不同的保存期限。为了保证安全,工业用炸药必须在规定的保存期内使用。

(9)殉爆性及其事故类型。爆炸品有一种特殊性质,就是当一个炸药包A爆炸时,能引起另一个位于一定距离内的炸药包B发生爆炸,这种现象称为殉爆。因此,在保管时炸药之间应保持一定的距离,以免产生殉爆。炸药包A称为主发装药,炸药包B称为被发装药。在生产中殉爆会扩大事故强度和范围,造成更大的损失。

主发装药爆炸后,有四种作用可引起被发装药发生殉爆:主发装药的爆炸产物直接作用于被发装药;冲击波冲击被发装药;破片或飞散物撞击被发装药;火焰作用于被发装药。当然,在实际情况下,也可能是两种以上因素的综合作用。如果周围介质是空气,且两装药相距较近,主发装药又有外壳,就有可能是前三种因素都起作用。

影响殉爆的因素有:主发装药的性质和药量;被发装药的感度和密度;装药的外壳;地形地物;管道有助于殉爆的程度;装药间介质的性质等。

(10)毒害性及其事故类型。有些炸药,例如苦味酸、TNT、硝化甘油、雷汞、叠氮化铅等,本身都具有一定毒害性,绝大多数炸药爆炸时能够产生诸如CO、CO_2、NO、CO_2、HCN等有毒或窒息性气体,可从呼吸道、食管甚至皮肤等进入体内引起人员中毒。

第二节 压缩气体和液化气体的危险特征及其事故类型

一、压缩气体和液化气体的分类

（一）压缩气体和液化气体按危险特征分类

1.易燃气体

该类气体极易燃，能与空气形成爆炸性混合物，大多数气体较空气重，能扩散相当远，遇火源会燃烧并把火焰沿气流相反方向引回。当受热、撞击或强烈震动时会增大容器的内压力，使容器破裂爆炸或使气瓶阀门松动漏气导致火灾。有些易燃气体有毒，人员吸入后会中毒。

2.不燃气体

该类气体不燃、无毒，包括助燃气体。当受热、撞击或强烈震动时会增大容器的内压力，使容器破裂爆炸。有些气体有助燃作用。

3.有毒气体

该类气体有毒，毒性指标与有毒品毒性指标相同。有些有毒气体易燃，有些有毒气体还具有腐蚀性和刺激性。当受热、撞击或强烈震动时会增大容器的内压力，使容器破裂爆炸或使气瓶阀门松动漏气导致人员中毒和火灾事故。

（二）压缩气体和液化气体按化学组成分类

可燃性气体按化学组成可分为有机气体和无机气体。无机可燃气有单质和化合物，在化合物分子中大多含有氢、氧、氮、硫等元素，如磷化氢、硫化氢、一氧化碳等；有机可燃气是由碳、氢、氧、氮等元素组成的化合物，如乙烷、乙炔、丙烯、汽油蒸气等。有机可燃气其结构中含不饱和键越多，分子量越低，则它的化学性质就越活泼，越容易引起燃烧和爆炸，所以乙炔是最危险的有机可燃气体。

（三）按使用形态和危险特征分类

为了便于研究、使用和管理，根据可燃性气体在通常条件下的使用形态和危险特征分成以下5种类别：

1.可燃气体

氢气、煤气、4个碳以下的有机气体(如甲烷、乙烯、丙烷等)均属此类。它们在常温常压下以气态存在,与空气形成的混合物容易发生燃烧或爆炸,也把它们称作燃爆气体。

2.可燃液化气

如液化石油气、液氨、液化丙烷等。这类气体在加压降温的条件下即可变为液体,压缩贮入高压钢瓶或贮罐中。临界温度或压力是气、液共存的最高温度或压力[①]。

液化石油气的主要成分是丙烷、丙烯、丁烷和丁烯等,其中丙烷占50% ~80%。在常温常压下它们为气体,加上800k ~ 1 500 kPa的压力即可液化为液体,可贮入钢瓶。液化石油气以液态从钢瓶中流出,即变成可燃气体,极易点燃。

3.燃烧液体的蒸气

如甲醇、乙醚、酒精、苯、汽油等的蒸气,这些蒸气在燃烧液体表面上有较高的浓度,与空气混合浓度达到爆炸极限,即能被点燃,甚至发生爆炸。

4.助燃气体

如氧、氯、氟、氧化亚氮(C_2O)、氧化氮、二氧化氮等。它们在化学反应中能作为氧化剂,将它们与能作为还原剂的可燃性气体混合,会形成爆炸性混合物。发生氧化还原反应时,氧化剂和还原剂是互为条件缺一不可的,换句话说,作为氧化剂的助燃气体和作为还原剂的可燃性气体对发生燃烧、爆炸反应具有同等重要程度。根据它们的这种危险特性,将它们与可燃性气体归并于一类。

5.分解爆炸性气体

如乙烯、乙炔、环氧乙烷、联氨、丙二烯、甲基乙炔、乙烯基乙炔等,它们不需要与助燃气体混合,其本身就会发生爆炸,而且它们的储存压力越高,越容易发生分解爆炸。除上述气体外,臭氧、二氧化氮、氰化氢、氧化氮、氧化亚氮也具有这种性质。

---

①任文华.钢罐瓶装压缩气体和液化气体的安全储运管理[J].中国金属通报,2020(7):260-261.

二、事故类型及危险特性

压缩气体或液化气体由于所处的压力较高,许多危险特性及其事故类型皆源于压力的升高。

(一)容器破裂

高压容器因损伤、腐蚀、热的或机械的作用等而可能导致破裂,这时内部的高压气体会迅速膨胀、冲出,并在大气中形成压力波、冲击波,产生气浪或爆风。容器破裂时除形成空气压力波外,还会把容器撕成许多碎片,所以人们常把高压破裂称作"爆炸"。导致盛装高压气体容器"爆炸"的主要原因有:①高压气体内的化学反应(燃爆、分解、聚合等反应)放出反应热,或相态转化而放出相变热,致使气体体积急剧膨胀、压力急剧升高引起破坏。在高压下,分子的浓度增大,反应速度加快,单位时间放热量(放热速度)随之增大,而且压力升高,通过扩散、对流的热迁移减少,热辐射则增强,总的效果是使热损失减少,这些因素都促进燃烧、爆炸反应的发生和进行。②容器内的凝聚态物质向气态转化致使体积迅速膨胀、压力急剧升高所引起的破坏。③容器损伤、腐蚀或机械的作用等而导致破裂。

压缩气体或液化气体的缩胀性要比液体大得多,其特点是:①当压力不变时,气体的温度与体积成正比,即温度越高,体积越大。通常气体的相对密度随温度的升高而减小,体积却随温度的升高而增大。②当温度不变时,气体的体积与压力成反比,即压力越大,体积越小。③在体积不变时,气体的温度与压力成正比,即温度越高,压力越大。

(二)泄漏与扩散

压缩气体或液化气体的大量泄漏、喷出往往导致火灾、爆炸以及中毒事故。泄漏量与流出口面积、初压和终压、流出时的温度、气体性质(如绝热指数、压缩系数、分子量)等因素有关。流出口面积越大、初压越高,泄漏量越大。

泄漏的气体会在空气中扩散,扩散速度与压力、温度以及气体的物性等因素有关。如扩散速度与气体相对分子质量的平方根成反比。

相对分子质量越大,气体或蒸气的恒温密度就越大,而恒压密度总是与温度成反比。多数气体或蒸气的密度都比空气大,只有少数例外,如氢气、甲烷、氨气等。压缩气体或液化气体的扩散具有如下特点：

（1）密度比空气大的蒸气倾向于在低位区扩散和聚集，形成燃烧和爆炸危险、毒性危险或局部区域的缺氧。

氨气的密度比空气小，压力容器突然毁坏排出的氨蒸气云似乎应该向上飘浮而安全扩散，事实上多数情况并非如此。蒸气云的组成、物理和化学变化对其形态和密度影响很大。冷氨和空气的混合物的密度一般要比周围的空气大。氟化氢(HF)的相对分子质量为20，由于其饱和蒸气高度缔合，HF蒸气密度测定显示，在20℃、0.1 MPa下HF的相对分子质量应在70~80之间，因而，未被空气稀释的纯HF蒸气的密度比周围的空气大。

（2）在环境温度下密度比空气小的蒸气当其冷却时仍在低位区扩散，如从液氨或液化天然气产生的蒸气就是如此。

（3）密度比空气小的气体在装置或通风不良的建筑物的高位区聚集。

（4）热气由于"热推举"而上升，一般会扩散至大气。

对于像丙烷、丁烷这样在较高压力下处于气液平衡的液化气体，泄漏到大气环境时，由于此液体的温度比其在大气压下的沸点高而会急速气化，所需汽化热从液体中夺取，因之液体温度便急速降至沸点。此瞬间气化的现象叫闪蒸。泄漏或闪蒸的气体可与空气形成爆炸性混合物。若浓度在爆炸极限范围内并遇上点火源，便会发生"蒸气云爆炸"。处在自由空间时，常叫非受限的蒸气云爆炸。

装在槽罐(车)中的液化气，如果遇到了外部火源加热，槽罐中的压力会很快升高，气相部分的罐体会发生延展性破坏而形成大块破片被气体膨胀力抛至远方；液相部分会因突然降至大气压而发生突沸，大量的蒸气会立即着火，并借助浮力上升形成火球。此现象为沸腾液体扩展为蒸气爆炸(或称沸腾液体膨胀爆炸)。

相对分子质量较小的可燃气体有较大的扩散速度。扩散性越大的可燃气体，在泄漏后越可能在很短的时间内遍及一个大范围与空气形成爆炸性混合物，因之具有更大的危险性。

比空气轻的可燃气体逸散在空气中易与空气形成爆炸性混合气体，并能够顺风飘荡，迅速蔓延和扩展；比空气重的可燃气体泄漏出来时，往往飘浮于地表、沟渠、隧道、厂房死角等处,长时间聚集不散,易与空气在局部形成爆炸性混合气体,遇着火源发生着火或爆炸,同时,密度大的可燃气体一般都有较大的发热量,在火灾条件下,易于造成火热扩大。

另外,临界温度低于室温(25℃)的低温液化气体也叫深冷气体。对于这类气体将其蒸气压缩进行液化时必须预冷。例如液氮、液氧、液化天然气(LNG)等。这类物质有以下主要危险:

①低温伤害。温度极低,对人体易造成冻伤。正常情况下人体以一定的速度向周围散热,在低温环境下热量会过度散失,当体温降至25℃或以下时将会出现昏迷,甚至死亡。低温对有些金属材料会造成低温脆性,即含有铁素体的体心立方结构的金属及合金,在低温下有塑性向脆性转化的现象。这往往是设备突然破坏造成重大事故的原因。

②造成缺氧。气液容积比大,在密闭空间汽化时压力会急剧升高,造成伤(损)害。如在有人的地方急剧蒸发,很短时间内即可造成一个缺氧危险区。例如65 L液氢在107.6 m²的房间里蒸发,约5 s可使室内氧气浓度降至危险极限以下。人在氧气的体积分数为18%(火焰亦不能持续燃烧)以下时便出现呼吸急促、心跳加快、头痛、恶心等症状;10%时脸色苍白、失去知觉;8%时呈昏睡状态,8 min后死亡;6%时呼吸停止,痉挛而死。海上运输LNG时,若LNG落入水中会发生剧烈的"无焰爆炸"。这不是由于伴随发热、发光的化学反应,而是基于相变的物理过程,也可称之为暴沸。

③燃爆危险。在接近沸点的温度下蒸气密度比空气大,易滞留于地表低洼处、设备与建筑物的空间中,与空气形成爆炸性混合物,增大了潜在危险性。

(三)燃烧、爆炸与爆轰

可燃气体与空气形成的均匀且在一定浓度范围内的混合物,由于无需扩散过程,所以被点火后燃速很大。当处在密闭度较大或高压条件下,或该混合物量很大时,燃烧波在传播一定距离后,传播速度会突然增大,以致速度可达每秒2 000~3 000 m以上,这就是爆轰。爆轰也可因强烈冲击而直接引起。例如容积48 m²的充有7.2%(体积)乙烯的房间内,当用20 g彭托尼特炸药(Pentolite)起爆时即发生爆轰。爆轰是超音速的,且在爆轰波前产生冲击波和形成强烈的爆风。发生普通所说的爆炸(爆燃)压力只增长为初压的3~10倍,而发生爆轰可使压力增长为初压的15倍以上,所以出现爆轰后会造成更大的破坏。

燃烧、爆炸与爆轰,通常也被广义地称作爆炸。爆炸发生的基本条件有"爆炸三角形(FOE)"和"爆炸四面体(FOER)"之说。前者是说,爆炸发生必须同时具备可燃物(F)、助燃气体(O)和激发能量(E);后者则指在前者的基础上还必须具备使链反应继续的自由基(R)。FOE 和 FOER 只是表明了发生燃烧(火灾)、爆炸的最基本的必要条件,不一定就是充分条件。充分条件是F、O、E和R都必须达到一定的"量"。描述这个量用以下参数。

(1)爆炸极限。把可以点火且火焰可以自动传播下去的可燃气体浓度(常以体积百分数表示)叫爆炸极限。高浓度侧叫爆炸上限,低浓度侧叫爆炸下限。可燃气体的爆炸极限并不是一个常数,而是受温度、压力、火焰传播方向、点火能量、重力场强度及周围物质等多种因素的影响。

初始温度的影响。爆炸性混合物的初始温度越高,混合物分子内能增大,燃烧反应更容易进行,则爆炸极限范围就越广。所以,温度升高使爆炸性混合物的危险性增加。

初始压力的影响。爆炸性混合物初始压力对爆炸极限影响很大。一般爆炸性混合物初始压力在增压的情况下,爆炸极限范围会扩大。这是因为压力增加,分子间更为接近,碰撞概率增加,燃烧反应更容易进行,因而爆炸极限范围扩大。在一般情况下,随着初始压力增大,爆炸上限明显提高。在已知可燃气体中,只有一氧化碳随着初始压力的增加,爆炸极限范围缩小。初始压力降低,爆炸极限范围缩小。当初始压力降至某个定值时,爆炸上、下限重合,此时的压力称为爆炸临界压力。低于爆炸临界压力的系统不爆炸。因此在密闭容器内进行减压操作对安全有利。

惰性介质或杂质的影响。爆炸性混合物中惰性气体含量增加,其爆炸极限范围缩小。

当惰性气体含量增加到某一值时,混合物不再发生爆炸。惰性气体的种类不同对爆炸极限的影响亦不相同。如甲烷,氩、氦、氮、水蒸气、二氧化碳、四氯化碳对其爆炸极限的影响依次增大。再如汽油,氮气、燃烧废气、二氧化碳、氟里昂-21、氟里昂-12、氟里昂-11,对其爆炸极限的影响则依次减小。

在一般情况下,爆炸性混合物中惰性气体含量增加,对其爆炸上限的影响比对爆炸下限的影响更为显著。这是因为在爆炸性混合物中,随着惰性气体含量的增加氧的含量相对减少,而在爆炸上限浓度下氧的含量相对(爆炸下限)较小,故惰性气体含量稍微增加一点,即对爆炸上限产生很大影响,使爆炸上限剧烈下降。

对于爆炸性气体,水等杂质对其反应影响很大。如果无水,干燥的氯没有氧化功能,干燥的空气不能完全氧化钠或磷,干燥的氢氧混合物在 1 000 ℃下也不会产生爆炸。痕量的水会急剧加速臭氧、氯氧化物等物质的分解。少量的硫化氢会大大降低水煤气及其混合物的燃点,加速其爆炸。

容器的材质和尺寸的影响实验表明,容器管道直径越小,爆炸极限范围越小。对于同一可燃物质,管径越小,火焰蔓延速度越小。当管径(或火焰通道)小到一定程度时,火焰便不能通过。这一间距称作最大灭火间距,亦称作临界直径。当管径小于最大灭火间距时,火焰便不能通过而被熄灭。

容器大小对爆炸极限的影响也可以从器壁效应得到解释。燃烧是自由基进行一系列连锁反应的结果。只有自由基的产生数大于消失数时,燃烧才能继续进行。随着管道直径的减小,自由基与器壁碰撞的几率增加,有碍于新自由基的产生。当管道直径小到一定程度时,自由基消失数大于产生数,燃烧便不能继续进行。

容器材质对爆炸极限也有很大影响。如氢和氟在玻璃器皿中混合,即使在液态空气温度下,置于黑暗中也会产生爆炸。而在银制器皿中,在一定温度下才会发生反应。

能源的影响。火花能量、热表面面积、火源与混合物的接触时间等,对爆炸极限均有影响。如甲烷在电压100 V、电流强度1 A的电火花作用下,无论浓度如何都不会引起爆炸,但当电流强度增加至2 A时,其爆炸极限为5.9% ~ 13.6%,3 A时为 5.85% ~14.8%。对于一定浓度的爆炸性混合物,都有一个引起该混合物爆炸的最低能量。浓度不同,引爆的最低能量也不同。对于给定的爆炸性物质,各种浓度下引爆的最低能量中的最小值,称为最小引燃能量,或最小引爆能量、最小点火能。它是可燃气混合物明火感度的表征。它除决定于可燃气的化学组成与结构外，还和其浓度、温度、压力等条件有关。

另外，光对爆炸极限也有影响。在黑暗中，氢与氯的反应十分缓慢，在光照下则会发生连锁反应引起爆炸。甲烷与氯的混合物，在黑暗中长时间内没有反应，但在日光照射下会发生激烈反应，两种气体比例适当则会引起爆炸。表面活性物质对某些介质也有影响。如在球形器皿中530℃时，氢与氧无反应，但在器皿中插入石英、玻璃、铜或铁棒，则会发生爆炸。

（2）临界氧体积分数。在安全工程领域里考虑的助燃气体主要是空气。空气中氧的体积分数约为21%。可燃气体空气混合物体系中氧含量达到一定程度后点火才能燃烧并传播，把这一过程所需要的最低氧体积分数叫临界氧体积分数；而从安全的角度考虑，把不能点燃和传播燃烧的氧的最高体积分数叫允许最高氧体积分数。根据这一规律，在安全工程中常用向体系里充入惰性气体的办法把氧的浓度稀释至临界氧体积分数以下，达到降低发生燃爆事故的可能性、提高安全性的目的。此措施称为惰（性）化保护。为了可靠起见，实际运用中要把体系中的氧体积分数控制在比临界氧体积分数再低10%左右的水平上。

（四）自然发火

某些高压可燃气体和空气接触会自然发火，如硅烷、磷化氢等。某些高压可燃气体是一种不安定的具有自反应性的可燃气体，当温度或压力达到一定值后就自然发火，如乙炔、乙烯、氧化亚氮、环氧乙烷等即使不与其他助燃性气体混合也能被点燃和使火焰传播，甚至发生爆炸性分解。

具有分解爆炸特性的气体分解时可以产生一定量的热量。分解热达到 $80 \sim 120$ kJ/mol 的气体一旦引燃，火焰就会蔓延开来。摩尔分解热高过上述量值的气体，能够发生很激烈的分解爆炸或爆轰。在高压下容易引起分解爆炸的气体，当压力降至某个数值时，火焰便不再传播，这个压力称作该气体分解爆炸的临界压力。在分解爆炸的临界压力以上处理分解爆炸性气体有发生爆炸的危险。最可靠的防止办法是添加惰性气体以抑制爆炸。抑制机理可能是稀释、吸热、降低火焰传播能力等。

（五）带电性

纯净的气体是不会产生静电的,但几乎所有的气体均含有少量固态或液态物质,因此在压缩、排放、喷射气体时,在阀门、喷嘴、放空管或缝隙易产生游离的空间电荷,如果放空管等不接地则会带上反极性电荷。主要原因是气体本身剧烈运动造成与含有的固体颗粒或液体杂质间的相互摩擦,气体及含有的固体颗粒或液体杂质在压力下高速流动时与阀门、喷嘴、放空管或缝隙间的相互摩擦都会产生静电。如氢气、乙烯、乙炔、天然气、液化石油气等压缩气体或液化气体从管口或破损处高速喷出时会产生大量的静电。静电防护稍有疏忽,就可能导致火灾、爆炸和人身触电等事故。影响其带电性的因素如下:

1.杂质

气体中所含的液体或固体杂质越多,多数情况下产生的静电荷也会越多。

2.流速

气体的流速越快,产生的静电荷也越多。实验表明,液化石油气喷出时,产生的静电电压可达 9 000 V,其放电火花足以引起燃烧。因此,压力容器内的可燃压缩、液化气体,在容器管道破损时,或放空速度过快时都易产生静电,引起着火或爆炸事故。带电性也是评定可燃气体火灾危险性的参数之一,掌握了可燃气体的带电性,可以采取相应的防范措施,如设备接地、控制流速等。

（六）腐蚀性、毒害性和窒息性

1.腐蚀性

主要是一些含氢、硫元素的气体具有腐蚀性。如硫化氢、氧硫化碳、氨、氢等,都能腐蚀设备,削弱设备的耐压强度。严重时可导致设备系统裂隙、漏气,引起火灾等事故。

2.毒害性

压缩气体和液化气体,除氧气和压缩空气外,大都具有一定的毒害性。其中有些气体不仅剧毒,而且易燃,如氰化氢、硫化氢、二甲胺、氨、溴甲烷、二硼烷、三氟氯乙烯等,除具有相当的毒害性外,还具有一定的着火爆炸性。

3.窒息性

除氧气和压缩空气外,其他压缩气体和液化气体部具有窒息性。通常压缩气体和液化气体的易燃易爆性、毒害性易引起人们的注意,而其窒息性往往被忽视,尤其是那些不燃无毒的气体,如氮气、二氧化碳及氦、氖、氩、氪、氙等化学性质不活泼的气体,虽然它们无毒不燃,但都必须充装在容器内,并必须有一定的压力,如二氧化碳、氮气、氦、氩、氖等气体气瓶的工作压力均可达15 MPa,设计压力有时可达20M ~ 30 MPa,这些气体一旦泄漏于房间或大型设备或装置区内均可能使现场人员窒息死亡。另外,充装这些气体的气瓶,也是压力容器,在受热或受到火场的热辐射时,会使气瓶压力升高,当超过其强度时即发生物理爆炸,也会伤害现场人员。

(七)易氧化性

除极易自燃的物质外,通常可燃性物质只有和氧化性物质作用,遇到火源时才能发生燃烧。氧化性气体是燃烧得以发生的要素之一。氧化性气体主要包括两类:一类是明确列为助燃气体的,如氧气、压缩空气、氧化亚氮、三氟化氮等;一类是列为有毒气体的,如氯气、氟气等。这些气体本身都不可燃,但氧化性很强,与可燃气体混合时都能着火或爆炸。如氯气与乙炔接触即可爆炸,氯气与氢气混合见光可爆炸,氟气遇氢气即爆炸,油脂接触氧气能自燃,铁在氧气中也能燃烧。因此,在实施消防监督管理时不可忽略这些气体的氧化性,尤其是列为有毒气体管理的氯气和氟气,除了应注意毒害性外,还应注意其氧化性,在储存、运输和使用时与其他可燃气体分开储存、运输和装卸。

第三节 易燃液体的危险特征及其事故类型

易燃液体是指闭杯闪点不高于61℃,能够放出易燃蒸气的液体、液体混合物或含有处于悬浮状态的固体混合物的液体,但不包括由于存在其他危险性已列入其他类项管理的液体。

闭杯闪点指在标准规定的试验条件下,在闭杯中试样的蒸气与空气的混合气接触火焰时,能产生闪燃的最低温度。

一、高度易燃

液体的燃烧是液体表面挥发出的蒸气与空气形成可燃性混合物,可燃性混合物在一定的比例范围内遇火源点燃而燃烧。因而液体的燃烧是液体表面蒸气与空气中的氧进行的剧烈反应。易燃液体实质上就是指其蒸气易燃。由于易燃液体的沸点都很低,液体表面的蒸气压较大,易于挥发出易燃蒸气,而且多数易燃液体都具有很小的最小引燃能量,因此易燃液体都具有高度的易燃性。

影响易燃液体易燃性的因素很多,影响烃类易燃液体易燃性的因素主要有以下几点:

(1)相对分子质量。相对分子质量越小,闪点越低,燃烧范围(爆炸极限)越大,着火的危险性也就越大;相对分子质量越大,自燃点越低,受热时越容易自燃起火。这是因为相对分子质量小,分子间隔大,易蒸发,沸点、闪点低,易达到爆炸极限范围;但自燃点则不同,因为物质的相对分子质量大,分子间隔小,黏度大,蓄热条件好,所以易自燃[①]。

(2)分子结构。依据闪点、燃烧范围(爆炸极限)和自燃点数据,各种烃类液体的分子结构与其易燃性大致有如下规律:①烃的含氧衍生物燃烧的难易程度,一般是:醚>醛>酮>酯>醇>酸(由易到难)。②不饱和的有机液体比饱和的有机液体的火灾危险性大。这是因为不饱和的烃类的相对密度小,相对分子质量小,分子间作用力小,沸点低,闪点低,所以不饱和烃类的火灾危险性大于饱和烃类。③在同系物中,异构体比正构体的火灾危险性大,受热自燃危险性则小。这是因为正构体链长,受热时易断,而异构体的氧化初温高,链短,受热不易。④在芳香烃的衍生物中,液体火灾危险性的大小主要取决于取代基的性质和数量。以甲基、氯基、羟基等取代时,取代基的数量越多,其着火爆炸的危险性越小。这是因为它们的相对密度和沸点随着取代基数量的增加而增加。以硝基取代时,取代基的数量越多,则着火爆炸的危险性越大。这是因为硝基中的"N"是高价态,硝基极不稳定,易于分解而爆炸。

①李湘丽,陈瑾,孙镔.常运易燃液体安全管理阐述[J].遵义师范学院学报,2021(2):66-68.

二、蒸气易爆

由于易燃液体具有蒸发性,所以挥发出的易燃蒸气与空气形成可燃气体混合物,当达到爆炸浓度范围时,遇火源就会发生爆炸。易燃液体的蒸发性越强,这种爆炸危险就越大;同时,这些易燃蒸气可以任意飘散,或在低洼处聚积(油品蒸气的相对密度在1.59~4之间),使得易燃液体的储存更具有火灾危险性。液体的蒸发性随其所处状态的不同而变化,影响其蒸发性的因素主要有以下几点:

(1)温度。液体的蒸发随着温度的升高而加快。温度越高,蒸发速度越快,反之则越慢。因为液体的温度越高,分子的平均运动速度就越快、能够克服液面的分子引力进入空气中去的分子就越多。

(2)暴露面。液体的暴露面越大,蒸发量也就越大;因为暴露面越大,同时从液体暴露面挥发出来的分子数目越多。

(3)相对密度。液体的相对密度越小,蒸发速度越快,反之则越慢。在实际工作中,除二硫化碳等少数特殊的液体外,通常是相对密度小的液体首先蒸发,而相对密度较大的液体则蒸发较慢,所需要蒸发的温度也较高。

(4)饱和蒸气压力。易燃液体的饱和蒸气压越大,表明蒸发速度越快,蒸发在气相空间的蒸气分子数目就越多,故液体饱和蒸气压越大,火灾危险性就越大,对包装的要求也就越高。如乙醚在-20℃时的饱和蒸气压为8.933 kPa,在30℃时饱和蒸气压可达84.633 kPa,而汽油在-20℃时饱和蒸气压很小,在30℃时的饱和蒸气压只有13.066 kPa;所以乙醚的火灾危险性比汽油大。乙醚要用高强度的容器盛装或在低温条件下储运,因为气温超过沸点时,其蒸气压力能导致容器爆裂和火灾事故。

(5)流速。液体流动的速度越快,蒸发越快,反之则越慢。这是因为液体流动时,分子运动的平均速度增大,部分分子更易克服分子间的相互引力而飞到周围的空气里,液体流动得越快,飞到空气里的分子就越多。此外,在空气流动时,飞到空气里的分子被风带走,空气不能被蒸气饱和,就会造成空气流动速度越快,带走的液体分子越多。在密闭的容器中,空气不流动,容器的气体空间被蒸气饱和后液体则不再蒸发。

三、受热膨胀

储存于密闭容器中的易燃液体受热时体积膨胀、蒸气压增大,冷却时体积缩小、蒸气压减小。液体体积膨胀性用体膨胀系数表征,体膨胀系数与物性有关,其数据可从有关手册中查到。与有机固体、无机固体及金属比较,有机液体受热后体积膨胀得较大。液体体积膨胀性可导致储存于密闭容器中的易燃液体受热后液面升高、蒸压增大,如若超过了容器所能承受的压力限度,就会造成容器膨胀,以致爆裂。所以把易燃液体装入容器时应根据温度变化范围确定合适的装填系数,以免胀破容器造成事故。夏天要储存于阴凉处或用喷淋冷水降温的方法加以防护。

四、易流动性

任何液体都具有流动性,易燃液体的流动性也使它因易流动而扩大危险范围。液体的流动性用黏度表征,液体的黏度与物性有关,其数据可从有关手册中查到。液体的黏度受温度的影响较大,温度升高黏度减小,液体的流动性增强。易燃液体的流动性增加了火灾危险性。如易燃液体渗漏会很快向四周流淌,并由于毛细管和浸润作用,能扩大其表面积,加快挥发速度,使空气中易燃蒸气的浓度增大。如在火场上储罐(容器)一旦爆裂,液体会四处流淌,造成火势蔓延,扩大着火面积,给施救工作带来困难。所以,为了防止液体泄漏、流淌,在储存工作中应设置事故槽(罐)、构筑安全堤、设置水封井等;液体着火时,应设法堵截流淌的液体,防止火势扩大蔓延。

五、摩擦带电性

液体与固体、液体与气体、液体与另一不相溶的液体之间,由于搅拌、沉降、流动、冲击、喷射飞溅等伴有相间接触或分离等相间相对运动,会形成双电层而产生静电,这种静电对易燃液体可能造成火灾、爆炸,是一种潜在的危险。

液体的带电能力取决于介电常数和电阻率。一般的说,介电常数小于 10 F/m(特别是小于 3 F/m)、电阻率大于 10^6 $\Omega \cdot cm$ 的液体都有较大的带电能力,如醚、酯、芳烃、二硫化碳、石油及其产品等;而醇、醛、羧酸等液体的介电常数一般都大于 10 F/m,电阻率一般也都低于 10^6 $\Omega \cdot cm$,则它们的带电能力就比较弱。

液体的带电能力除与介电常数和电阻率等液体本身的性质有关外,还与输送管道的材料和流速有关。管道内表面越光滑,产生的静电荷越少;流速越快,产生的静电荷则越多。

石油及其产品在作业中静电的产生与聚积的特点如下:

(1)在管道流动时,流速越大产生的静电荷越多;管道内壁越粗糙,流经的弯头、阀门越多,产生的静电荷越多;帆布、橡胶、石棉、水泥、塑料等非金属管道比金属管道产生静电荷多;在管道上安装过滤网,其网栅越密,产生的静电荷越多;绸毡过滤网产生静电荷更多。

(2)在向车、船灌装油品时:油品与空气摩擦、在容器内旋涡状运动和飞溅都会产生静电,当灌装至容器高度的1/2 ~3/4时,产生的静电电压最高。所产生的静电大都聚积在喷流出的油柱周围;油品装入车船,在运输过程中因震荡、冲击所产生的静电,大都积聚在油面漂浮物和金属构件上;多数油品温度越低,产生静电越少;但柴油温度降低,则产生静电荷反而增加。同品种新、旧油品搅混,静电压会显著增高;油泵等机械的传动皮带与飞轮的摩擦、压缩空气或蒸气的喷射都会产生静电;油品产生静电的大小还与介质空气的湿度有关。湿度越小,积聚电荷程度越大,湿度越大,积聚电荷程度越小。据测试,空气湿度接近72%时,带电现象实际上终止;油品产生静电的大小还与容器、导管中的压力有关。压力越大,产生的静电荷越多。

无论在何等条件下产生静电,当积聚到一定程度时,就会发生放电现象。据测试,积聚电荷大于4 V时,放电火花就足以引燃汽油蒸气。所以液体在装卸、储运过程中,一定要设法导泄静电,防止聚集放电。掌握易燃液体的带电能力,不仅可以确定其火灾危险性的大小,而且还可以采取相应的防范措施,如选用材质好而光滑的管道输送易燃液体,设备、管道接地,限制流速等以消除静电带来的火灾危害。

六、毒害性

大多数易燃液体或其蒸气都具有毒害性,有些还具有刺激性和腐蚀性。毒性的大小与物质的化学结构有关。如醇和醚类具有毒性和麻醉性,多量吸入能使人晕迷;醛和酮类具有较强的毒性和一定的刺激性;小分子酯类具有刺激性和毒性;腈类具有剧毒性;胺类和肼类具有刺激性和毒性;烃的含硫和含氯化合物具有毒性和腐蚀性;芳烃及其衍生物具有毒性;杂环类和重氮类化合物具有刺激性和毒性。

易燃液体对人体的毒害性主要表现在蒸气上,它们通过人体的呼吸道、消化道、皮肤三个途径进入体内,造成人体中毒。中毒程度与蒸气浓度、作用时间的长短有关。液体易蒸发、蒸气浓度大、作用时间长则中毒程度重,反之则轻。

七、易氧化性

某些易燃液体与氧化剂或有氧化性的酸类(特别是硝酸)接触,能发生剧烈反应而引起燃烧爆炸。这是因为易燃液体都是有机化合物,能与氧化剂发生氧化反应并产生大量的热,使温度升高到燃点引起燃烧爆炸。乙醇与高锰酸钾或硝酸接触会发生燃烧,松节油遇硝酸立即燃烧,因此,易燃液体不得与氧化剂及有氧化性的酸类接触。

第四节 易燃固体、自燃和遇湿易燃物品危险特征及其事故类型

一、易燃固体

(一)易燃固体的概念

易燃固体是指燃点低,对热、撞击、摩擦敏感,易被外部火源点燃,燃烧迅速,并可能散发出有毒烟雾或有毒气体的固体,但不包括已列入爆炸品的物质。

易燃固体包括:①湿爆炸品指用充分的水或酒精,或增塑剂以抑制爆炸性能的爆炸品。如含水量至少10%的苦味酸铵、二硝基苯酚盐、硝化淀粉等。②自反应物质指在常温或高温下由于储存或运输温度过高,或混入杂质能引起激烈的热分解,一旦着火无需掺入空气即可发生极其危险的反应的物质。特别是在无火焰分解的情况下,可能散发毒性蒸气或其他气体的固体。如脂肪族偶氮化合物、芳香族硫代酰肼化合物、亚硝基类化合物和重氮盐类化合物等。③极易燃烧的固体和通过摩擦可能起火或促进起火的固体。这类物质主要包括湿发火粉末(用充分的水

湿透,以抑制其发火性能的钛粉、锆粉等),铈、铁合金(打火机用火石),五硫化二磷等硫化物,有机升华的固体如冰片(2-莰醇、龙脑)、萘、樟脑(2-莰酮)等,火柴、点火剂等。常见的易燃固体有发泡剂 H [N,N-二亚硝基五亚甲基四胺(含钝感剂)]、二硝基萘和红磷①。

(二)易燃固体的危险特性

1.易燃固体的火灾爆炸危险

1)燃点低、易点燃

易燃固体的主要特性是容易被氧化,受热易分解或升华,着火点一般都在300 ℃以下,常温下能量很小的着火源即能引起强烈、连续的燃烧。如镁粉、铝粉只要有20 mJ的点火能即可点燃;硫黄、生松香则只需15 mJ的点火能即可点燃。2,4-二硝基苯甲醚、二硝基萘、萘等是能够升华的易燃固体,受热挥发出的易燃蒸气在空中飘逸,尤其是在室内,在上层与空气能形成爆炸性混合物,易发生爆燃。易升华的易燃固体,在储存过程中若容器密封不严,也会造成职业人员中毒。易燃固体对摩擦、撞击、震动很敏感,亦即机械敏感性强。如红磷受摩擦、震动、撞击等能起火燃烧甚至爆炸。易燃固体在储存、运输、装卸过程中,应当避免震动、摩擦、撞击等外力作用。

2)遇酸、氧化剂易燃易爆

绝大多数易燃固体遇无机酸性腐蚀品(特别是氧化性酸)、氧化剂等能够发生剧烈反应立即引起着火或爆炸。如发泡剂 H 与酸性物质或酸雾接触能立即起火;萘与发烟硝酸接触反应非常剧烈,甚至引起爆炸;红磷与氯酸钾、硫黄与过氧化钠或氯酸钾接触,稍经摩擦或撞击,都会引起着火或爆炸。易燃固体绝对不允许和氧化剂、酸类混储混运。

3)毒性和腐蚀性

很多易燃固体本身就是具有毒害性或燃烧后能产生有毒气体或有腐蚀性的物质,如硫黄、五硫化二磷、三硫化四磷等,不仅与皮肤接触(特别夏季有汗的情况下)能引起中毒,而且粉尘吸入后,亦能引起中毒;硝基化合物(如二硝基苯、二硝基苯酚)、硝化棉及其制品、重氮氨基苯等易燃固体,由于本身含有硝基、亚硝基、重氮基等不稳定的基团,在快速燃烧的条件下,还有可能转为爆炸,燃烧时亦会产生大量的一氧化碳、氧化

①孙维生.易燃固体的危害及其防治[J].职业卫生与应急救援,2007(5):242-243.

氮、氢氰酸等有毒气体,故应特别注意防毒。某些易燃固体受热后不熔融,而发生分解现象,有的受热后边熔融边分解。

4)遇湿易燃性

硫的磷化物类,不仅具有遇火受热的易燃性,而且还具有遇湿易燃性。如五硫化二磷、三硫化四磷等,遇水能产生具有腐蚀性和毒性的可燃气体硫化氢。所以,对此类物品还应注意防水、防潮,着火时不可用水扑救。

5)自燃危险性

易燃固体中的赛璐珞(硝化纤维塑料制品)、硝化棉(硝化纤维素)及其制品等在积热不散的条件下都容易自燃起火,硝化棉在40℃的条件下就会分解。因此,这些易燃固体在储存和运输时,一定要注意通风、降温、散潮,堆垛不可过大、过高,加强养护管理,防止自燃造成火灾。

2.影响易燃固体危险特性的因素

影响易燃固体危险特性的因素除与自身的化学组成和分子结构有关外,还与下列因素有关。

1)比表面积

固体物质的燃烧是从固体物质表面开始逐渐深入固体物质的内部,所以,固体物质的表面积越大,与空气中氧接触得越充分,氧化作用越强,燃烧速度也就越快。易燃固体物质的比表面积越大,其火灾危险性就越大。也就是说,粉状物较块状物易燃,松散物较堆捆物易燃。赛璐珞板片的燃点为150~180℃,而赛璐珞粉的燃点为130~140℃。

2)热分解温度

易燃固体物质的火灾危险性还取决于热分解温度,热分解温度越低,燃烧速度越快,火灾危险性就越大;反之则越小。

3)含水量

易燃固体物质的含水量不同,其火灾危险性也不同。如硝化棉含水量在35%以上时,比较稳定;若含水量在20%时,稍经摩擦、撞击或与点火源作用,都易引起着火。又如二硝基苯酚,干的或未浸湿时有很大的爆炸危险性,所以列为爆炸品管理。当其含水量在15%以上时,就主要表现为着火而不易发生爆炸,故将此类列为易燃固体管理。若二硝基苯酚完全溶解在水中时,其燃烧性能大大降低,主要表现为毒害性,所以将这样的二硝基苯酚列为毒害品管理。

二、自燃物品

自燃物品是指自燃点低(自燃点低于200℃),在空气中易发生氧化反应,放出热量而自行燃烧的物品。

易于自燃物质包括发火物质和自热物质两类。发火物质是指与空气接触不足5 min即可自行燃烧的液体、固体或液体混合物。如黄磷、白磷、三氯化钛等。自热物质是指与空气接触不需要外部热源即易自行发热而燃烧的物质。这类物质只有在大量(几千克以上),并经过长时间(几日)才会燃烧,所以亦可称为积热自燃物质,如赛璐珞碎屑、油纸、动物油、植物油、潮湿的棉花等。常见的自燃物品有二乙基锌、连二亚硫酸钠(保险粉、低亚硫酸钠)和黄磷。

(一)易于自燃物质的危险特性

1.遇空气自燃

自燃物质大部分非常活泼,具有极强的还原性,接触空气后能迅速与空气中的氧化合,并产生大量的热,达到其自燃点而着火,接触氧化剂和其他氧化性物质反应更加强烈,甚至爆炸。如黄磷的自燃点较低(在34℃即自燃),在空气中能够很快氧化升温并自燃起火,生成有毒的五氧化二磷。由于黄磷与水不发生化学反应,故可存放于水中。硼、锌、锑、铝的烷基化合物类自燃物品,化学性质非常活泼,具有极强的还原性,在空气中能自燃,遇氧化剂、酸类反应更剧烈,如三乙基铝在空气中能氧化自燃。

2.遇湿易燃

硼、锌、锑、铝的烷基化合物类自燃物品,除在空气中能自燃外,遇水或受潮还能分解而自燃或爆炸。

在储存、运输、销售时,包装应充氮密封,防水、防潮。起火时不可用水或泡沫等含水的灭火剂扑救。此外,铝铁熔剂、铝导线焊接药包也有遇湿易燃危险。铝导线焊接药包是一种圆柱形固体;铝铁熔剂(金属洋灰)用于焊接铁轨,是铝粉和氧化铁粉末按25∶75的比例混合而成的熔接剂;铝粉是易燃固体粉末,在空气中燃烧时可放出31.22 kJ/g的热量;氧化铁是一种氧化剂,它和铝粉混合引燃后发生剧烈反应,同时放出大量的热(3 870.06 kJ/mol),可使温度达2 500℃以上而得到熔融的铁水。由于水在这样高的温度下会分解为氢气和氧气,有引起爆炸的危险,所以,铝铁熔剂着火不可用水施救。

3.积热自燃

硝化纤维的胶片、废影片、X光片等,由于本身含有硝酸根,化学性质很不稳定,在常温下就能缓慢分解,当堆积在一起或仓库通风不好时,分解反应产生的热量无法散失,放出的热量越积越多,便会自动升温达到其自燃点而着火,火焰温度可达1 200℃。另外,此类物品在阳光及水分的影响下会加速氧化,分解出一氧化氮。一氧化氮在空气中会与氧化合生成二氧化氮,而二氧化氮与潮湿空气中的水汽化合又能生成硝酸及亚硝酸,二者会进一步加速硝化纤维及其制品的分解。此类物品在空气充足的条件下燃烧速度极快,比相应数量的纸张快5倍,且在燃烧过程中能产生有毒和刺激性的气体。灭火时可用大量水,但要注意防止复燃和防毒,火焰扑灭后应当立即埋掉。油纸、油布等含油脂的物品,当积热不散时,也易发生自燃,因为油纸、油布是纸和布经桐油等干性油浸涂处理后的制品。桐油的主要成分是桐油酸甘油脂,其分子含有3个双键,由于双键的存在,桐油的性质很不稳定,在空气中也能迅速氧化生成一层硬膜,通常由于氧化表面积小,产生的热量少,可随时消散,所以不会发生自燃。但如果把桐油浸涂到纸或布上,则桐油与空气中氧的接触面积增大,氧化时产生的热量也相应增多。当油纸和油布处于卷紧或堆积的条件下时,就会因积热不散升温至自燃点而起火。另外,云母带(柔软云母板)、活性炭、炭黑、菜籽饼、大豆饼、花生饼、鱼粉等物品都属于积热不散可自燃的物品,在大量远途运输和储存时,要特别注意通风和晾晒。

(二)影响自燃物品危险特性的因素

1.氧化介质

自燃物品必须在一定的氧化介质中才能发生自燃,否则是不会自燃的。如黄磷必须在空气(氧气)、氯气等氧化性气体或氧化剂中才能发生自燃。有些自燃物品由于本身含有大量的氧,在没有外界氧化剂供给的条件下,也会氧化分解直至自燃起火。物质分子中含氧越多,越易发生自燃,如硝化纤维及其制品就是如此。对这类物品在防火管理上应当更加严格。

2.温度

温度升高能加速自燃性物品的氧化反应速度。

3.潮湿程度

潮湿对自燃物品有着明显的影响。因为一定的水分能起到促使升温和积热的作用,可加速自燃性物品的氧化过程。如硝化纤维及其制品和油纸、油布等浸油物品,在有一定湿度的空气中均会加速氧化反应,造成温度升高而自燃。此类物品在储存和运输过程中应注意防湿、防潮。

4.含油量

对涂(浸)油的制品,如果含油量小于3%,氧化过程中放出的热量少,一般不会发生自燃。故含油量小于3%的涂油物品不列入危险品管理。

5.杂质

某些杂质的存在,会影响自燃性物品的氧化过程,促进自燃。如浸油的纤维内含有金属粉末时就比没有金属粉末时易自燃。绝大多数自燃物品如与氧化剂等氧化性物质接触,都会很快引起自燃,所以自燃物品在储存、运输过程中,除应注意与这些残留杂质隔离外,对存放的库房、载运的车(船)体等,首先应仔细检查清扫,以免因自燃而导致火灾。

6.其他因素

除上述因素外,自燃物品的包装、堆放形式等,对其自燃性也有影响。如油纸、油布严密的包装、紧密的卷曲、折叠的堆放,都会因积热不散、通风不良而引起自燃。油纸、油布等浸油物品应以透笼木箱包装,限高、限量分堆存放,不得超量积压堆放。

三、遇湿易燃物品

遇湿易燃物品是指遇水或受潮时发生剧烈化学反应,放出大量易燃气体和热量的物品。当热量达到可燃气体的自燃点或接触外来火源时,会立即着火或爆炸。其特点是:遇水、酸、碱、潮湿发生剧烈的化学反应,放出可燃气体和热量。

常见的遇水放出易燃气体的物质有:锂、钠、钾、铷、铯等碱金属及其合金,镁、钙、锶、钡等碱土金属及其合金,碱(土)金属汞齐(如钠汞齐、钾汞齐),碱(土)金属氢化物(如氢化锂、氢化钠、氢化钾、氢化镁、氢化钙),

碳化物(如电石),硅化物(如硅化锂、硅化钠、硅化镁、硅化钙),磷化物(如磷化钠、磷化钾、磷化镁、磷化钙、磷化锶),硼氢化物(如硼氢化锂、硼氢化钠、硼氢化钾),氨基化物(如氨基锂、氨基钙),铝、锌粉及其氢化物、碳化物、硅化物,连二亚硫酸盐(如保险粉)等。

(一)遇水放出易燃气体的物质危险特性

1.遇水易燃易爆

遇水放出易燃气体的物质的特点是:遇水后发生剧烈的化学反应使水分解,夺取水中的氧与之化合,放出可燃气体和热量。当可燃气体在空气中达到燃烧范围时,或接触明火,或由于反应放出的热量达到引燃温度时就会发生着火或爆炸。如金属钠、氢化钠、碱金属硼氢化物等遇水反应剧烈,放出氢气多,产生热量大,能直接使氢气燃爆。遇水后反应较为缓慢,放出的可燃气体和热量少,可燃气体接触明火时才可引起燃烧。如氢化铝、硼氢化锂、硼氢化钠、硼氢化钾等都属于这种情况。电石、碳化铝、甲基钠等物质盛放在密闭容器内,遇湿后放出的乙炔和甲烷及热量逸散不出来而积累,致使容器内的气体越积越来越多,压力越来越大,当超过了容器的强度时,就会胀裂容器以致发生化学爆炸。

2.遇氧化剂和酸着火爆炸

遇水放出易燃气体的物质除遇水能反应外,遇到氧化剂、酸也能发生反应,而且比遇到水的反应更加剧烈,危险性更大。有些遇水反应较为缓慢,甚至不发生反应的物品,当遇到酸或氧化剂时,也能发生剧烈反应,如锌粒在常温下放水中并不会发生反应,但放入酸中,即使是较稀的酸,反应也非常剧烈,放出大量的氢气。因为遇水放出易燃气体的物质都有很强的还原性,而氧化剂和酸类等物品都具有较强的氧化性,所以它们相遇后反应更加剧烈。

3.自燃危险性

有些物质不仅有遇湿易燃危险,而且还有自燃危险性。如金属粉末类的锌粉、铝镁粉等,在潮湿空气中能自燃,与水接触,特别是在高温下反应比较强烈,能释放氢气和热量。

铝镁粉是金属镁粉和金属铝粉的混合物。铝镁粉与水反应比镁粉或铝粉单独与水反应要强烈得多。因为镁粉或铝粉单独与水(汽)反应,除产生氢气外,还生成氢氧化镁和氢氧化铝,后者能形成保护膜,阻止反应继续进行,不会引起自燃。铝镁粉与水反应则同时生成氢氧化镁和氢氧化铝,后两者之间又能起反应生成偏铝酸镁,由于反应中偏铝酸镁能溶解于水,破坏了氢氧化镁和氢氧化铝对镁粉和铝粉的保护作用,使铝镁粉不断地与水发生剧烈反应,产生氢气和大量的热,从而引起燃烧。

另外,金属的硅化物、磷化物类物品遇水能放出在空气中能自燃且有毒的气体四氢化硅和磷化氢,这类气体的自燃危险是不容忽视的,如硅化镁和磷化钙与水的反应。

4.毒害性和腐蚀性

在遇水放出易燃气体的物质中,有一些与水反应生成的气体是易燃有毒的,如乙炔、磷化氢、四氢化硅等。尤其是金属的磷化物、硫化物与水反应,可放出有毒的可燃气体,并放出一定的热量;同时,遇湿易燃物品本身有很多也是有毒的,如钠汞齐、钾汞齐等都是毒害性很强的物质。金属硼氢化物的毒性比氰化氢、光气的毒性还大,因此,还应特别注意防毒。

碱金属及其氢化物类、碳化物类与水作用生成的强碱,都具有很强的腐蚀性,故还应注意防腐。

综上所述,遇湿易燃物品必须盛装于气密或液密容器中,或浸没于稳定剂中,置于干燥通风处,与性质相互抵触的物品隔离储存,注意防水、防潮、防雨雪、防酸,严禁火种接近等,切实保证储存、运输和销售的安全。

(二)影响危险特性的因素

1.化学组成

遇水放出易燃气体的物质火灾危险性的大小,主要取决于物质本身的化学组成。组成不同,与水反应的强烈程度不同,产生的可燃气体也不同。如钠与水反应放出氢气,电石与水作用放出乙炔气,碳化铝与水反应放出甲烷,磷化钙与水反应放出磷化氢气体等。

2.金属的活泼性

金属与水的反应能力主要取决于金属的活泼性。金属的活泼性强,遇湿(水、酸)反应就激烈,火灾危险性也就大。碱金属的活泼性比碱土金属强,故碱金属比碱土金属的火灾危险性大。

第五节 氧化剂和有机过氧化物的危险特征及其事故类型

氧化剂和有机过氧化物都具有强烈的氧化性,在不同条件下,遇酸、遇碱、受热、受潮或接触有机物、接触还原剂即能分解放出氧,发生氧化还原反应,引起燃烧。有机过氧化物更具有易燃甚至爆炸的危险性,储运时须加入适量的抑制剂或稳定剂,有些会在环境温度下自行加速分解,因此必须控温储运。有些氧化剂还具有毒性或腐蚀性。

一、氧化剂

氧化剂系指处于高氧化态、具有强氧化性、易分解并放出氧和热量的物质,包括含有过氧基的物质。这类物质本身不一定可燃,但能导致可燃物的燃烧。与松软的粉末可燃物能组成爆炸性混合物,对热、震动或摩擦较敏感。有些氧化剂与易燃物、有机物、还原剂等接触,即能分解引起燃烧和爆炸。少数氧化剂易发生自动分解,发生着火和爆炸。大多数氧化剂和强酸类液体可以发生剧烈反应,放出剧毒性气体。某些氧化剂在卷入火中时,亦可放出这种剧毒性气体。有些氧化剂具有毒性或腐蚀性。其危险特性如下。

(一)与可燃物作用发生着火和爆炸

氧化剂多为碱金属、碱土金属的盐类或含过氧化基的化合物。其特点是氧化价态高,金属活泼性强,易分解,有极强的氧化性;本身不燃烧,但与可燃物作用能发生着火和爆炸。如:硝酸盐类(硝酸钾、硝酸钠、硝酸铵等)、氯的含氧酸及其盐类[高氯酸、氯酸钾、氯酸钠、次(亚)氯酸钙等]、高锰酸盐类(高锰酸钾、高锰酸钠等)、过氧化物类(过氧化钠、过氧化钾等)、有机硝酸盐类(硝酸胍、硝酸脲等)等,除有机硝酸盐类外,都是不燃物质,但当受热、撞击或摩擦时极易分解出原子氧,若接触易燃物、有机物,特别是与木炭粉、硫黄粉、淀粉等粉末状可燃物混合时,能引起着火和爆炸。

(二)受热、撞击分解爆炸

有些氧化剂是不燃物质,但当受热、撞击时能爆炸。例如,高氯酸、过氧化氢、氯酸钾、硝酸铵等氧化剂本身不燃,但受外力的作用能爆炸。硝酸铵在加热至210℃时即能分解爆炸(分解出氮及氮的氧化物气体并释放大量反应热)。当有大量的硝酸铵存在且温度超过400℃时,该反应就能引起爆轰。若有易燃物或还原剂渗入,危险性就更大。

硝酸铵具有吸湿性,易在空气中吸收水分而结块,若用铁质或其他硬质的工具猛烈敲击结块会形成热点,致使硝酸铵迅速分解而爆炸。

在储运这些氧化剂时,应防止受热、摩擦、撞击,并与易燃物、还原剂、有机氧化剂、可燃粉状物等隔离存放。遇有硝酸铵结块必须粉碎时,不得使用铁质等硬质工具,可用木质等柔质工具破碎。

(三)自身分解燃烧

有些氧化剂不需要外界的可燃物参与即可燃烧,主要是有机硝酸盐类,如硝酸胍、硝酸脲等。另外,还有过氧化氢尿素、高氯酸醋酐溶液、二氯或三氯异氰尿素、四硝基甲烷等。这些有机氧化剂不仅具有很强的氧化性,与可燃性物质相结合均可引起着火或爆炸,而且本身也可燃;因此,有机氧化剂除防止与任何可燃物质相混外,还应隔离所有火种和热源,防止阳光暴晒和任何高温的作用。储存时也应与无机氧化剂和有机过氧化物分开堆放。

(四)与可燃液体作用自燃

有些氧化剂与可燃液体接触能引起自燃。如高锰酸钾与甘油或乙二醇接触,过氧化钠与甲醇或乙酸接触,铬酸与丙酮或香蕉水(硝基漆稀释剂)接触等,都能自燃起火。

在储存上述氧化剂时,一定要与可燃液体隔绝,分仓储存,分车运输。

(五)与酸作用分解爆炸

氧化剂遇酸后,大多数能发生反应,而且反应常常是剧烈的,甚至引起爆炸。如过氧化钠与硫酸接触生成过氧化氢、高锰酸钾与硫酸接触生成高锰酸、氯酸钾与硝酸接触生成氯酸和硝酸盐等,而过氧化氢、高锰酸、氯酸、硝酸盐等都是一些性质很不稳定的氧化剂,极易分解而引起着火或爆炸。

由此可知,氧化剂不可与硫酸、硝酸等酸类物质混储混运。这些氧化剂着火时,也不能用泡沫和酸碱灭火器扑救。

(六)与水作用的分解性

有些氧化剂,特别是活泼金属的过氧化物,遇水或吸收空气中的水蒸气和二氧化碳能分解放出原子氧,致使可燃物质燃爆。漂白粉(主要成分为次氯酸钙)吸水后,不仅能放出氧,还能放出大量的氯。

高锰酸锌吸水后形成的液体,接触纸张、棉布等有机物时,能立即引起燃烧,所以,这类氧化性物质在储运中,应严密包装,防止受潮、雨淋,着火时禁止用水扑救。对于过氧化钠、过氧化钾等活泼金属的过氧化物也不能用二氧化碳灭火剂扑救。

(七)强氧化剂与弱氧化剂作用分解燃爆

在氧化性物质中,强氧化剂与弱氧化剂相互接触时弱氧化剂呈还原性,相互间能发生复分解反应,产生高热而引起着火或爆炸。如漂白粉、亚硝酸盐、次氯酸盐等,当遇到氯酸盐、硝酸盐等氧化剂时,即显示还原性,并发生剧烈反应,引起着火或爆炸。如硝酸铵与亚硝酸钠作用能分解生成硝酸钠和比其危险性更大的亚硝酸铵。

这类既有氧化性又有还原性的双重性质的氧化剂,不能与比它们氧化性强的氧化剂一起储运。

(八)腐蚀毒害性

不少氧化剂还具有一定的毒性和腐蚀性,能毒害人体,烧伤皮肤。如三氧化铬(铬酸酐)既有毒性,也有腐蚀性。储运这类物品时,应注意安全防护。

二、有机过氧化物

有机过氧化物是一种含有过氧基(—O—O—)结构的有机物质,也可能是过氧化氢的衍生物。如过氧甲酸(HCOOOH),过氧乙酸(CH_3COOOH)等。

有机过氧化物是热稳定性较差的物质,易发生放热的分解反应。其危险特性如下。

(一)分解爆炸性

由于有机过氧化物都含有极不稳定的过氧基(—O—O—)结构,遇热、震动、冲击或摩擦作用时都极易分解,其危险性和危害性较其他氧化剂更大。如过氧化二乙酰,纯品制成后存放 24 h 就可能发生强烈的爆炸;当过氧化二苯甲酸含水量在 1% 以下时,稍有摩擦即能引起爆炸;过氧化二碳酸二异丙酯在 10℃ 以上时不稳定,达到 17.22℃ 时即分解爆炸;过氧乙酸纯品极不稳定,在 - 20℃ 时也会爆炸[①]。

(二)易燃性

有机过氧化物不仅极易分解爆炸,而且易燃。如过氧化叔丁醇的闪点为 26.679℃,过氧化二叔丁酯的闪点只有 12℃。

有机过氧化物因受热、与杂质(如酸、重金属化合物、胺等)接触或摩擦、碰撞而发热分解时,可能产生有害或易燃气体或蒸气。许多有机过氧化物燃烧迅速而猛烈,当封闭受热时极易由迅速的爆燃转为爆轰。所以扑救有机过氧化物火灾时应特别注意爆炸的危险性。

(三)伤害性

有机过氧化物的危害性是易伤害眼睛。如过氧化环已酮、叔丁基过氧化氢、过氧化二乙酰等,都对眼睛有伤害作用,甚至其中有些会对角膜造成严重的伤害。因此,应避免眼睛接触有机过氧化物。

综上所述,有机过氧化物的火灾危险性主要取决于物质本身的过氧基含量和分解温度。有机过氧化物的过氧基含量越高,其热分解温度越低,则火灾危险性就越大;因此,在储存或运输时,应根据它们的危险特性,特别要注意它们的氧化性和着火爆炸并存的双重危险性,采取正确的防火防爆措施,严禁受热,防止摩擦、撞击,避免与可燃物、还原剂、酸、碱和无机氧化剂接触。

第六节 毒性物质的危险特征及其事故类型

毒性物质的主要危险性是毒害性,主要表现为对人体及其他动物的伤害。毒性进肌体后,累积达一定量便能与体液组织发生生物化学作用

---

① 艳琼.危险化学品分类之五——氧化剂和有机过氧化物[J].湖南安全与防灾,2003(4):38.

或生物物理学变化,扰乱或破坏肌体的正常生理功能,引起暂时性或持久性的病理状态,甚至危及生命。毒性物质可分为剧毒品和毒害品两类。具有非常剧烈的毒性危害、少量摄入即可致死的化学品,包括人工合成的化学品及其混合物(含农药)和天然毒素,定义为剧毒品。常见的剧毒品有氰化钠、三氧化二砷、二氧化硒、氯化汞、硫酸铊、硫酸二甲酯、四乙基铅和醋酸苯汞等。毒性物质中,剧毒品以外的均为毒害品。常见的有氯化钡、四氧化三铅、乙二酸、四氯乙烯和2,4-二异氰酸甲苯酯等。

一、毒性物质的分类

根据毒性物质的化学组成,毒性物质可分为无机和有机两大类。

(一)无机毒性物质

氰及其化合物类如氰化钠、氰化钾、氰化钙、氰化钡、氰化钴、氰化镍、氰化铜、氰化锌、氰化汞、氰化铈、氢氰酸等。这类毒害品,自身均不可燃但遇高热、酸或水蒸气都能分解放出极毒且易燃的氰化氢气体。

砷及其化合物类如砷酸钠、亚砷酸钠、氟化砷、三碘化砷等。这类毒害品,自身都不燃,但遇明火或高热时,易升华放出极毒的气体。氟化砷遇酸、酸气、水分也能放出毒气。三碘化砷遇金属钾、钠时还能形成对撞击敏感的爆炸物。

硒及其化合物类如氧氯化硒、硒酸及其盐、亚硒酸盐、硒化镉、硒粉等。这类毒害品中的硒粉、硒化镉,遇高热或明火都能燃烧甚至爆炸。遇高热或酸雾、酸放出有毒、易燃、易爆的硒化氢气体。氧氯化硒、硒酸及其盐、亚硒酸盐自身不燃,但能水解或潮解,放出大量的有毒气体,具有腐蚀性。氧氯化硒能与磷、锰剧烈反应。

磷及其化合物类如磷化钠、磷化钾、磷化镁、磷化钙、磷化锶、磷化锌、磷化铝、磷化锡等,这类遇湿易燃物品自身不燃烧,但遇酸、酸雾、水及水蒸气都能分解出极毒且易自燃的磷化氢气体。

汞、铍、锑、铍、铊、铅、钡、氟、碲及其化合物等 这些物品大多自身不可燃,但遇高热、酸、酸雾能放出有毒的气体。

(二)有机毒性物质

卤代烃及其他卤代物(卤代醇、卤代酮、卤代醛、卤代酯等)类如二氯甲烷、1,1-二氯丙酮等。这类毒害品绝大多数是燃烧液体,遇高热或明火燃烧,分解出有毒气体。

有机磷、氯、硫、砷、硅、腈、胺等化合物类如丁腈、硝基苯胺、三苯基磷等,大多是燃烧液体,遇明火、高热可燃烧。

有机金属化合物类(汞、铅等)如有机汞粉剂农药、四乙基铅等。这类毒品多为粉剂或液体,均可燃烧,遇高热分解,遇氧化剂反应。

芳香环、稠环及杂环化合物类如(二)硝基(甲)苯、1-萘基脲、2-氯吡啶、N-正丁基咪唑等。这类毒害品遇明火均能燃烧,遇高热分解出有毒气体。

天然有机毒害品类如阿片生漆、尼古丁等,均可燃。

其他有机毒害品类如煤焦、沥青等,均可燃。

二、毒性物质的毒害性

(一)中毒的途径

毒性物质引起人体及其他动物中毒的主要途径是呼吸道、消化道和皮肤三方面。

1.呼吸中毒

毒性物质中挥发性液体的蒸气和固体毒性物质的粉尘,最容易通过呼吸器官进入人体。尤其是在火场上和抢救疏散毒性物质过程中,如果接触毒性物质的时间较长,吸入量大,很容易中毒。如氢氰酸溴甲烷、苯胺、1605(硫代磷酸酯)、西力生(氯化乙基汞)、赛力散(乙酸苯汞、裕米农、龙汞)、三氧化二砷等的蒸气和粉尘,经过人的呼吸道进入肺部,被肺泡表面所吸收,随血液循环引起中毒。此外,呼吸道的鼻、喉、气管黏膜等也具有相当大的吸收能力。呼吸中毒比较快,而且严重,因此扑救毒性物质火灾的消防人员应佩戴必要的防毒用具,以免中毒[①]。

2.消化中毒

消化中毒是指毒性物质的粉尘或蒸气侵入人的消化器官引起中毒。通常是在进行毒害品操作后,未经漱口、洗手就饮食、吸烟,或在操作中误将毒害品吸入消化器官,进入胃肠引起中毒。由于人的肝脏对某些毒物具有解毒功能,所以消化中毒较呼吸中毒缓慢。有些毒性物质如砷及其化合物,在水中不溶或溶解度很低,但通过胃液后则变为可溶物被人

---

①王所荣.化学物质的安全性和毒性[M].北京:中国展望出版社,1990.

体吸收,引起人身中毒。

3.皮肤中毒

一些能溶于水或脂肪的毒性物质,接触皮肤后,就可能侵入皮肤引起中毒。很多毒物能通过皮肤破裂的地方侵入人体,并随血液循环而迅速扩散,如一些芳香族的衍生物、硝基苯、苯胺、联苯胺、农药中的有机磷和有机汞、西力生、赛力散。特别是氰化物的血液中毒,能够极其迅速地导致死亡。此外,有些毒物对人体的黏膜如眼角膜有较大的危害,如氯苯二酮等。

(二)影响毒害性的因素

毒性物质毒性的大小,主要取决于它们的化学组成和化学结构。如有机化合物的饱和程度对毒性有一定的影响,乙炔的毒性较乙烯大,乙烯的毒性较乙烷大等。有些毒性物质毒性的大小与分子上烃基的碳原子数相关。如甲基内吸磷较乙基内吸磷的毒性小50%;硝基化合物中随着硝基的增加而毒性增强,若将卤原子引入硝基化合物中,毒性随着卤原子个数的增加而增强。毒性物质结构的变化,对毒性的影响也很大,如当同一硝基($—NO_2$)在苯环上的位置改变时,其毒性相差数倍,如间硝基对硫磷的毒性较对硝基对硫磷的毒性大6~8倍。

无机化合物中的重金属盐较其他金属盐毒性大,如铝、汞、钡等盐类。非金属毒害物如砷和砷的化合物(人入口0.1 g三氧化二砷即可死亡)、硒、碲等化合物,也具有强烈的毒性。

从物理性状上看,毒性物质毒性的大小主要与引起中毒的途径有关。

1.溶解性

毒性物质在水中的溶解度越大,越容易引起中毒。因为人体内含有大量的水分,易溶于水的毒性物质易被人体组织吸收。人体内的血液、胃液、淋巴液、细胞液中除含有大量水分外,还含有酸、脂肪等,有些毒物在这些液体中比在水中的溶解度还要大,所以容易引起人体中毒。

2.挥发性

毒性物质的挥发速度越快,越容易引起中毒。这是由于毒性物质挥发所产生的有毒蒸气易通过人的呼吸道进入体内,造成呼吸中毒。如汞、氯化苦(三氯硝基甲烷)、溴甲烷、氯化酮等,这些毒害品的蒸气在空气中的浓度越大,越易使人中毒。人处在一定浓度的有害气体中的时间越长,越易中毒,且中毒程度越严重。

3.颗粒细度

固体毒性物质的颗粒越小,越易使人中毒,因为细小粉末容易穿透包装随空气的流动而扩散,特别是包装破损时更易被人吸入。不仅如此,小颗粒的毒物易被动物体吸收。例如铅块进入人体后并不易引起中毒,而铅的粉末进入人体后,则易引起中毒。

4.气温

气温越高则挥发性毒性物质蒸发越快,可使空气中有毒蒸气的浓度增大。同时,潮湿季节人的皮肤毛孔扩张,排汗多,血液循环加快,更容易使人中毒。在火场中由于火焰的高温辐射,更需注意防毒。

三、毒性物质的火灾危险性

(一)遇湿易燃性

无机毒性物质中金属氰化物和硒化物大多自身不燃,但都有遇湿易燃性。如钾、钠、钙、锌、银、汞、钡、铜等金属的氰化物,遇水或受潮都能放出极毒且易燃的氰化氢气体;硒化镉遇酸或酸雾能放出易燃且有毒的硒化氢气体。

(二)氧化性

在无机毒性物质中,锑、汞和铅等金属的氧化物大多自身不燃,但都具有氧化性。如五氧化二锑自身不燃,但氧化性很强,380℃时即分解;四氧化铅(红丹)、红降汞(红色氧化汞)、黄降汞(黄色氧化汞)等,自身均不燃,但都是弱氧化剂,它们于500℃时分解,当与可燃物接触后,易引起着火或爆炸,并产生毒性极强的气体。

(三)易燃性

在毒性物质中有很多是透明或油状的易燃液体,有些系低闪点或中闪点液体。如溴乙烷闪点低于−20℃,三氟丙酮闪点低于−19℃,三氟乙酸乙酯闪点为−1℃,异丁基腈闪点为3℃,四羰基镍闪点低于4℃。卤代烷及其他卤代物如卤代醇、卤代酮、卤代醛、卤代酯类以及有机磷、硫、氯、砷、硅、腈、胺等都是易燃液体,这些毒性物质既具有相当的毒害性,又有一定的易燃性。

（四）易爆性

毒性物质当中的芳香族含2、4位两个硝基的氯化物,萘酚、（甲）酚钠及其硝基衍生物等化合物,遇高热、撞击等都可引起爆炸,并分解放出有毒气体。如2,4-二硝基氯化苯毒性很强,遇明火或受热至150℃以上有引起爆炸或着火的危险性。

第七节 放射性物品事故类型

随着我国核电事业的发展以及核技术在工业、农业、军事、医学、科研等领域的应用日益广泛,放射性物质的品种和数量不断增加,对放射性物质的需求不断扩大。放射性物质运输是易发生事故,易造成严重辐射危害和社会影响的薄弱环节。

（1）放射性。放射性物品的主要危险特性在于其放射性。其放射性越强,危险性也就越大。放射性物质所放出的射线可分为α、β、γ和中子流四种。α射线,也称甲种射线;β射线,也称乙种射线;γ射线,也称丙种射线。这三种射线是放射性同位素的核自发地发生变化（衰变）所放射出来的,中子流只有在原子核发生分裂时才能产生。如果把镭的同位素放在带有小孔的铅盒中并将铅盒放在正、负两片极板之间,则由小孔放射出来的射线明显地分为三束。一束向阴极偏转,即α射线;一束向阳极偏转,即β射线;还有一束不受磁场的影响,即γ射线[1]。

α射线是带正电的粒子（氦原子核）流。α射线通过物质时,由于α粒子与原子中的电子相互作用,使某些原子电离成为离子,因此,当α粒子通过物质时,沿途发生电离作用而损耗能量,其速度也就随之减慢,在将全部能量损耗完时,就会停止前进,并与空气中的自由电子结合而成为氦原子。粒子在物质中穿行的距离称为"射程"。射程主要取决于电离作用,电离作用越强,粒子前进相同距离损失的能量就越大,因而射程就越短。

带电离子在物质中电离作用的强弱,主要取决于粒子的种类、能量

---

[1]柴利君.浅谈放射对人体危害[J].世界最新医学信息文摘,2020(23):187–188.

及被穿透物质的性质。α粒子在物质中的电离本领很强而射程却很短，如U（铀）放射出的α射线，在空气中能走2.7 cm，在生物体中能走0.035 mm，在铝中只能走0.017 mm。α射线的穿透能力很弱，用一张纸、一张薄铝片、普通的衣服或几十厘米厚的空气层都可以"挡住"。由于它的电离本领很强，进入人体后会引起较大的伤害，所以对于放射α射线的放射性物品来说，主要应防止其进入人体造成内照射。

β射线是带负电的离子流。β粒子也就是电子，在磁场中会剧烈地偏转，具有很快的速度。速度越高，其能量也就越大，从而射程也就越远。例如放射出来的β射线，在空气中能走7 m，在生物体中能走8 mm，在铝中能走3.5 mm。β射线的穿透能力较α射线要强，射程比α、γ射线要长，所以，在外照射的情况下，危害性较α射线为大。一般说来，用几米厚的空气层，几毫米厚的铝片、塑料板或多层纸就可以"挡住"β射线。由于β粒子比α粒子质量小、速度快、电荷少，因而电离作用也就比α射线小得多，其电离本领约为α射线的1%。

γ射线是一种波长较短的电磁波（即光子流），不带电，所以它在磁场中不发生偏转。它以光的速度，即$3×10^8$ km/s在空间中传播。由于其能量大、速度快、不带电，所以穿透能力较β射线大50~100倍，较α射线大10 000倍。因为光子通过物质时能量的损失只是其数目逐渐减少，而剩余的光子速度不变，所以γ射线的穿透能力很强，要使任何物质完全吸收γ射线是很困难的。如要把Co(钴)的γ射线减弱为原来的1/10，则阻隔它的铝板厚度须达5 cm，混凝土层厚须达20～30 cm，泥土层厚须达50～60 cm。γ射线的电离能力最弱，只有α射线的1/1 000，β射线的1/10，因此，对于γ射线来说，主要是防护外照射。γ射线能破坏人体细胞，造成机体伤害，所以通常将γ射线源放在特制的铅罐或铸铁罐中，以减轻射线对人体的伤害。

在自然界中，中子并不单独存在，只有在原子核分裂时才能从原子核中释放出来。放射性物质放射出的α射线、β射线、γ射线、中子流的种类和强度不尽一致。人体受到各种射线照射时，因射线性质不同而造成的危害程度也不同。如果上述射线从人体外部照射时，β射线、γ射线和中子流对人的危害很大，剂量大时可使人患放射病，甚至死亡。如果放射性物质进入体内，则α射线的危害最大，其他射线的危害也很大；所以应严防放射性物质进入体内。

（2）毒害性。许多放射性物品的毒性很大，均应注意。

（3）不可抑制性。不能用化学方法中和使其不放出射线，而只能设法将放射性物质清除或使用适当的材料予以吸收屏蔽。

（4）易燃性。放射性物品除具有放射性外，多数具有易燃性，有些燃烧十分强烈，甚至引起爆炸。如独居石遇明火能燃烧。硝酸铀、硝酸钍等遇高温分解，遇有机物、易燃物都能引起燃烧，且燃烧后均可形成放射性灰尘，污染环境，危害人身健康。

（5）氧化性。有些放射性物品不仅具有易燃性，而且兼有氧化性，如硝酸铀、硝酸钍等。硝酸铀的醚溶液在阳光的照射下能引起爆炸。

在运输、储存、生产或经营过程中，当发生着火、爆炸或其他事故可能危及仓库、车间以及经营地点的放射性物品时，应迅速将放射性物品转移到远离危险源和人员的安全地点存放，并适当划出安全区迅速将火扑灭；当放射性物品的内容器受到破坏，放射性物质可能扩散到外面，或剂量较大的放射性物品的外容器受到严重破坏时，必须立即通知当地公安部门和卫生、科学技术管理部门协助处理，并在事故地点划出适当的安全区，悬挂警告牌，设置警戒线等。

当放射性物品着火时，可用雾状水扑救；灭火人员应穿戴防护用具，并站在上风处，向包件上洒水，这样有助于防止辐射和屏蔽材料（如铅）熔化，但注意不能使消防用水流失过多，以免造成大面积污染；放射性物品沾染人体时，应迅速用肥皂水洗刷至少3次；灭火结束时要很好地淋浴冲洗，使用过的防护用品应在有关部门的监督下进行清洗。

第八节 腐蚀品的危险特征及其事故类型

腐蚀品的特点是能灼伤人体组织，并对动物体、植物体、纤维制品、金属等造成较为严重的损坏。腐蚀作用可分为化学腐蚀和电化学腐蚀两大类。单纯由化学作用而引起的腐蚀称为化学腐蚀。当金属与电解质溶液接触时,由电化学作用而引起的腐蚀称为电化学腐蚀[1]。

一、腐蚀品按酸碱性分类

(一)酸性腐蚀品

呈固态或液态,具有强烈腐蚀性。从其包装物中泄漏时能导致其他货物或运输工具的损坏。酸性腐蚀品挥发出的蒸气,能刺激人的眼睛、黏膜,吸入会中毒。大部分酸性腐蚀品受热或遇水会放出有毒的烟雾。部分无机酸性腐蚀品具有较强的氧化性,接触可燃物即可燃烧。部分有机酸性腐蚀品具有易燃性。

(二)碱性腐蚀品

呈固态或液态,具有强烈腐蚀性。从其包装中泄漏时能导致其他货物或运输工具的损坏。碱性腐蚀品挥发的蒸气和粉尘能刺激人的眼睛、黏膜,吸入会中毒。有些有机碱性腐蚀品具有可燃性和易燃性。个别碱性腐蚀品有还原性。

(三)其他腐蚀品

呈固态或液态,具有强烈腐蚀性。通常与皮肤接触4 h内出现可见坏死现象,或物品对钢或铝在55℃时表面年腐蚀率超过6.25 mm。从其包装中泄漏的该物品亦能导致对其他货物或运输工具的损坏。其他腐蚀品挥发的蒸气能刺激人的眼睛、黏膜,吸入会中毒。部分其他有机腐蚀品具有可燃性和易燃性。

二、腐蚀品的腐蚀性、毒害性

腐蚀品对人体的腐蚀。腐蚀性物质的形态有液体和固体(晶体、粉状)。当人们直接触及这些物品后,会引起灼伤或发生破坏性创伤,以至溃疡等。当人们吸入这些挥发出来的蒸气或飞扬到空气中的粉尘时,呼吸道黏膜便会受到腐蚀,引起咳嗽、呕吐、头痛等症状。特别是接触氢氟酸(氟化氢溶液)时,会产生剧痛,使组织坏死,如不及时治疗,会导致严重后果。多种腐蚀品如浓硫酸等,遇到水会放出大量的热,液体四处飞溅,造成人体灼伤。人体被腐蚀性物品灼伤后,伤口往往不容易愈合,在

[1]袁斌,宋文华,张玉福.有机酸性腐蚀品生产危险性分析[J].工业安全与环保,2007(33):50-53.

储存、运输过程中,应注意安全防护。

腐蚀品对有机物质的腐蚀。腐蚀性物质能夺取木材、衣物、皮革、纸张及其他一些有机物质中的水分,破坏其组织成分,甚至使之炭化。如浓硫酸中混入杂草、木屑等有机物,浅色透明的酸液会变黑。浓度较大的氢氧化钠溶液接触棉质物,特别是接触毛纤维,即能使纤维组织受破坏而溶解。这些腐蚀性物品在储运过程中,若渗漏或挥发出气体(蒸气)还能腐蚀仓库的屋架、门窗和运输工具等。

腐蚀品对金属的腐蚀。在腐蚀性物质中,不论是酸性还是碱性,对金属均能产生不同程度的腐蚀作用。浓硫酸不易与铁发生作用,但当其储存日久,吸收了空气中的水分后,浓度变稀时,也能继续与铁发生作用,使铁受到腐蚀。又如冰醋酸,有时使用铝桶包装,储存日久也能引起腐蚀,产生白色的醋酸铝沉淀。有些腐蚀品,特别是无机酸类,挥发出来的蒸气与库房建筑物的钢筋、门窗、照明用品、排风设备等金属物料和库房结构的砖瓦、石灰等均能发生作用。

腐蚀品的毒害性在腐蚀品中,有一部分能挥发出具有强烈腐蚀性和毒性的气体,如溴素、氢氟酸等。

三、腐蚀品的火灾危险性

腐蚀品中,大部分具有火灾危险性,有些还是相当易燃的液体和固体。

(一)氧化性

无机腐蚀品大多自身不可燃,但都具有较强的氧化性,有些还是氧化性很强的氧化剂,与可燃物接触或遇高温时,都有着火或爆炸的危险。如硫酸、浓硫酸、发烟硫酸、三氧化硫、硝酸、发烟硝酸、氯酸(浓度40%左右)、溴素等无机腐蚀性物质,氧化性都很强,与可燃物如甘油、乙醇、发泡剂H、木屑、纸张、稻草、纱布等接触,都能氧化自燃而起火。高氯酸浓度超过72%时遇热极易爆炸,属爆炸品;高氯酸浓度低于72%时属无机酸性腐蚀品,但遇还原剂、受热等也会发生爆炸。

(二)易燃性

有机腐蚀品大多可燃,且有些非常易燃。如有机酸性腐蚀品中的溴乙酸闪点为1℃,硫代乙酸闪点低于1℃。甲酸、冰醋酸、甲基丙烯酸、苯甲酰氯、己酰氯遇火易燃,蒸气可形成爆炸性混合物;有机碱性腐蚀品甲基肼在空气中可自燃,1,2-丙二胺遇热可分解出有毒的氧化氮气体;其他有机腐蚀品如苯酚、甲基苯酚、甲醛、松焦油、焦油酸、苯硫酚等,不仅自身可燃,且能挥发出具有刺激性或毒性的气体。

(三)遇水分解易燃性

有些腐蚀品,特别是多卤化合物,如五氯化磷、五氯化锑、五溴化磷、四氯化硅、三溴化硼等,遇水分解、放热、冒烟,释放出具有腐蚀性的气体,这些气体遇空气中的水蒸气可形成酸雾。氯磺酸遇水猛烈分解,可产生大量的热和浓烟,甚至爆炸;有些腐蚀品遇水能产生高热,接触可燃物时会引起着火,如无水溴化铝、氧化钙等;更加危险的是烷基钠类,自身可燃,遇水可引起燃烧;异戊醇钠、氯化硫自身可燃,遇水分解。无水硫化钠自身可燃,且遇高热、撞击还有爆炸危险。有的遇水能产生高热,在接触可燃物时,就会引起燃烧,如氯磺酸、氧氯化磷、硫酸、氢氧化钠、硫化碱等物品。

第九节 可燃粉尘的危险特征及其事故类型

粉尘是指碎化而成的细小固体颗粒或自气相、液相凝结而成的晶粒或无定形粉末。通常是指粒径在1.0 mm以下固体颗粒。粉尘由于密度不同,在介质(空气)中悬浮的条件也不同。通常,粒径小于10 mm时,可形成气溶胶而稳定地悬浮于介质(空气)中,粒径大于10 mm时则会较快地自悬浮介质中沉降下来呈堆积状。任何可燃物质,当其粉尘粒径小于0.42 mm时并与空气以适当比例混合,被热、火花、火焰点燃,都能迅速燃烧并引起爆炸。可燃粉尘爆炸危险性随粒子尺寸的减小而增加,通常情况比碳氢可燃气体的爆炸危险性小。但如果粉尘受热分解产生了可燃气体,其爆炸危险性就接近可燃气体了,或成为引发粉尘爆炸的原因。堆积的粉尘一般不会直接发生爆炸。

粉尘爆炸是由于可燃粉尘在助燃性气体中被点燃,其粒子表面快速气化(燃烧)的结果。粉尘爆炸的历程如下。

（1）粒子表面受热后表面温度上升被热解。

（2）粒子表面的分子发生热分解，在粒子周围产生可燃气体。

（3）可燃气体混合物被点燃产生火焰并传播。

（4）火焰产生的热量进一步促进可燃粉尘分解，继续放出可燃气体，燃烧持续下去。

一、可燃粉尘爆炸的危险特性

可燃粉尘与可燃气体混合物的爆炸不同，可燃粉尘爆炸具有某些特殊性质。

（一）爆炸能量较大，破坏力强

不同于火炸药和可燃气体空气混合物，可燃粉尘的爆炸是粒子表面被点火而受热，温度升高至一定值时发生分解反应生成可燃性气体，可燃性气体与空气形成爆炸性混合物并立即被点火发生爆炸反应，爆炸火焰通过热传导、辐射等作用使尚未反应的粉尘粒子继续受热分解，持续地发生爆炸反应，直至反应完全。粉尘爆炸反应速度和压力比可燃气体的要小；但由于能量密度大、燃烧带较长，所以爆炸能量总的来说较大，破坏力强，特别是燃烧着的粒子飞散可能导致其他可燃物发生局部燃烧。事实上，经常悬浮并处于爆炸极限范围内的可燃粉尘往往只是局部的，即使发生爆炸，开始时也不会造成大的危害。若周围存在着大量的堆积粉尘，就会因局部产生的微小冲击波而使其飞扬，并会因局部爆炸的能量传递或飞来的燃烧的粉尘粒子作用而引起二次爆炸。如此将会不断扩大事故范围，甚至转为爆轰①。

（二）引起人员中毒

由于可燃粉尘密度较可燃气体大得多，因此爆炸产物中CO浓度明显地高，可引起人员中毒。事实上，一些煤矿的封闭地区发生粉尘爆炸后受害者中相当多的人是CO中毒所致。

二、影响危险特性的因素

（一）粉尘的化学特性

由于可燃粉尘爆炸经历粒子表面分子的热分解过程并在其周围生

---

①李晓飞.浅议可燃粉尘燃烧爆炸的预防[J].山东工业技术,2016(16):61.

成可燃气体,因此粉尘的化学特性对爆炸反应生成的气体量及其危险特性和燃烧热有很大影响。同时可燃性挥发分及灰分含量也是重要的因素。例如含挥发分11%以上的煤尘易爆炸;含15%～30%灰分的沥青煤尘即使含有40%以上的挥发分也不爆炸。

(二)粉尘的比表面积

粉尘的比表面积越大,反应界面越大,粉尘表面反应生成的气体量越大,越易爆炸。另外,粉尘表面反应活性也是重要因素,新生表面反应活性高,易发生爆炸。

(三)粉尘的悬浮性

悬浮性高的粉尘其爆炸危险性大。空气流可使粉尘悬浮性上升。此外,粉尘的悬浮性还受带电性、吸湿性影响。

(四)粉尘的水分含量

水分的影响因粉尘种类而异。水分可抑制悬浮性,水分蒸发会降低点火的有效能量,水蒸气还可起稀有气体的作用。对遇水放出易燃气体的粉尘,如镁、铝等活泼金属粉尘,遇水则可释放出氢气,因此会增大其危险性。

实际上任何可燃物质,其粉尘与空气以适当比例混合时,被热、火花、火焰点燃,都能迅速燃烧并引起严重爆炸。许多粉尘爆炸的灾难性事故的发生,都是由于忽略了上述事实。谷物、面粉、煤的粉尘以及金属粉末都有这方面的危险性。化肥、木屑、奶粉、洗衣粉、纸屑、可可粉、香料、软木塞、硫黄、硬橡胶粉、皮革和其他许多物品的加工业,时有粉尘爆炸事故发生。为了防止粉尘爆炸,维持清洁的作业环境十分重要。所有设备都应该无粉尘泄漏。爆炸卸放口应该通至室外安全地区,卸放管道应该相当坚固,使其足以承受爆炸力。真空吸尘优于清扫,禁止应用压缩空气吹扫设备上的粉尘,以免形成粉尘云。

屋顶下裸露的管线、横梁和其他突出部分都应该避免积累粉尘。在多尘操作装置区,如果有过顶的管线或其他设施,人们往往错误地认为在其下架设平滑的顶板,就可以达到防止粉尘积累的作用。除非顶板是经过特殊设计精细安装的,否则只会增加危险。粉尘会穿过顶板沉积在管线、设施和顶板本身之上。一次震动就足以使可燃粉尘云充满整个空间，一个火星就可以引发粉尘爆炸。如果管线不能移装或拆除，最好是使其裸露定期除尘。为了防止引发燃烧，在粉尘没有清理干净的区域，严禁明火、吸烟、切割或焊接。电线应该是适于多尘气氛的，静电也必须消除。对于这类高危险性的物质，最好是在封闭系统内加工，在系统内导入适宜的稀有气体，把其中的空气置换掉。粉末冶金行业普遍采用这种方法。

第四章 危险化学品应急救援基础知识

第一节 危险化学品应急救援的基本程序

一、危险化学品应急救援的基本任务

（1）第一步，控制事故源。及时控制事故源，是应急救援工作的首要任务，只有及时控制住事故源，才能及时防止事故的继续扩展，有效地进行救援。

（2）第二步，抢救受害人员。这是应急救援的重要任务。在应急救援行动中，及时、有序、有效地实施现场急救与安全转送伤员是降低伤亡率、减少事故损失的关键。

（3）第三步，指导群众防护，组织群众撤离。由于化学事故发生突然、扩散迅速、涉及面广、危害大，应及时指导和组织群众采取各种措施进行自身防护，并向上风向迅速撤离出危险区或可能受到危害的区域。在撤离过程中应积极组织群众开展自救和互救工作。

（4）第四步，做好现场清消，消除危害后果。对事故外逸的有毒有害物质和可能对人和环境继续造成危害的物质，应及时组织人员予以清除，消除危害后果，防止对人的继续危害和对环境的污染。对于由此发生的火灾，应及时组织力量扑救、洗消。

（5）第五步，查清事故原因，估算危害程度。事故发生后应及时调查事故的发生原因和事故性质，估算出事故的危害波及范围和危险程度，查明人员的伤亡情况，做好事故调查。不同的危险化学品性质不同、危害程度不同，处理方法也不尽相同，但是作为危险化学品事故处置有其共同的规律。化学事故应急救援一般包括报警与接警、应急救援队伍的出动、实施应急处理，即紧急疏散、现场急救、溢出或泄漏处理和火灾控制几个方面。

二、危险化学品应急处置的基本程序

（一）部署救援行动

（1）询问灾情。①接警询问：救援人员接到灾情报警时，应尽量多询问一些有关灾害的详细情况，如危险化学品名称；泄漏还是火灾；灾害现场在什么地区，是发生在储存、运输中还是发生在生产工艺过程中。②现场询问：救援人员到达灾害现场后，不要盲目进入灾区，首先向知情人询问情况，包括危险化学品名称、性质；泄漏原因；泄漏时间长短或泄漏量大小等；危险化学品的存量；周围环境情况，如附近有无其他危险化学品、火源情况、人员密集程度等；灾害区域有无受困人员需要救助；灾害单位有无堵漏设备，是否采取了堵漏措施等。

（2）调集救援力量，部署救援行动。①接到报警后，应立即依据事故情况确定救援预案，调集救援力量，携带专用器材，分配救援任务，下达救援指令，迅速赶赴事故现场。②依据报警情况配齐消防技术装备，根据需要配备适当的侦检器材，如可燃气体检测仪器、智能气体侦检仪等；配齐呼吸保护器具，保证进入危险区的人员人均一具；配备适当的防护服装，如抢险救援服、防化服、避火服等；调集必要的特种工具，如堵漏器具、破拆器具等；消防车辆的调集应根据危险化学品的火灾性质，如易燃气体事故应调用水罐消防车、干粉消防车、二氧化碳消防车。水罐消防车用于运载消防人员、喷雾驱散气体、冷却容器、装置和灭火，干粉消防车、二氧化碳消防车主要用于灭火；易燃液体事故应调用水罐消防车、泡沫消防车和干粉消防车，水罐消防车用于运载消防人员、冷却容器及装置等，泡沫消防车与干粉消防车用于灭火；对于遇水燃烧或爆炸物质火灾，必须携带专用的灭火器材，如金属灭火器具等，水罐消防车主要用于运送人员和冷却其他装置，水、泡沫均不能用于灭火。③消防车辆和人员到达现场时，不要盲目进入危险区，应先将力量部署在外围，尽量部署在上风或侧上风处，并在此安全部位建立指挥部。消防车辆不应停靠在工艺管线或高压线下方，不要靠近危险建筑，车头应朝向撤退位置，占据消防水源，充分利用地形、地物作掩护设置水枪阵地[①]。

---

①张宏宇，王永西.危险化学品事故消防应急救援[M].北京：化学工业出版社，2019.

（二）现场侦察与检测

根据不同灾情,派出若干个侦察小组,对事故现场进行侦察,侦察小组一般由2~3人组成,配备必要的防护措施和检测仪器,侦察内容如下。

1.危险品的性质与浓度测定

未知危险化学品的侦检:如果通过询问无法得知危险化学品的性质,必须实施现场检测。目前,对于未知毒害品的检测,难度较大,可选择的仪器有:智能侦检车;MX2000、MX21等便携式智能气体检测仪;军用毒剂侦检仪。智能检测车是利用色谱、质谱分析原理,几乎可以对所有的危险化学品进行现场定性、定量分析,速度快、精度高,是比较理想的仪器,但由于其价格昂贵,目前我国消防部门使用还不普遍。MX2000、MX21等便携式智能气体检测仪可以检测大部分可燃气体和氯气、氨气、一氧化碳等有毒气体的性质、浓度,更换探头还可以检测其他气体。该仪器是我国消防局指定引进的法国产品,目前,各省会城市、部分重要城市和大型化工、石化企业均有配备,虽然使用上受到一定的限制,但可满足大多数场合的要求。军用毒剂侦检仪可以对常见军用毒剂进行检测。

危险范围测定:对已知性质的危险化学品,可以用可燃气体检测仪、智能气体检测仪等确定其危险范围。常用仪器有125种可燃气体和毒气检测仪,该仪器可以对大部分可燃气体的爆炸范围进行检测,仪器价格便宜、性能稳定。

气象检测:灾害现场的气象情况对处置措施影响较大,如风向、风速、湿度、温度等,常用的气象检测仪有测风仪、智能气象仪等。

2.受困人员情况侦察

侦察是否有人员被困;被困人员数量;被困人员是否已经中毒,是否有活动能力等。在夜间、浓烟及可见度较低的场所可使用红外夜视仪、热敏成像仪、生命探测仪等仪器。

3.侦察泄漏情况

确定泄漏位置:必须弄清泄漏发生在什么部位,如容器、管线、阀门、法兰面等。

确定泄漏原因:常见的泄漏原因有容器超压破裂、管线腐蚀破裂、阀门未关闭、阀门接管折断、阀门填料老化、法兰面垫片失效等。

确定泄漏性质:侦察人员必须对泄漏性质做出正确判断,是可制止泄漏还是不可制止泄漏,如容器超压破裂,则无法止漏;对于简单的泄漏,如通过关闭阀门可以止漏的情况,侦察人员应直接处理。

确定泄漏程度:根据现场情况如泄漏面积、泄漏速度、危险化学品存量等确定泄漏量、泄漏发展趋势。

4.侦察环境

对周围环境必须弄清:危险区域内有无火源、电源或潜在火源;周围人员分布情况,危险化学品泄漏是否会造成大面积人员中毒;一旦发生火灾是否会威胁周围其他危险品而引起连锁反应;水源情况;地形、地物或障碍情况。

(三)设立警戒,紧急疏散

1.确定警戒范围

确定警戒范围的方法有理论计算法、仪器测定法和经验法。理论计算法适用于军用毒剂、放射性物质和部分易燃或有毒气体。根据污染条件,利用专门的软件进行计算,目前类似的软件国内外均有,然而距实际应用尚有一定差距。仪器测定法适用于可燃气体、液体和部分有毒气体,利用简单的侦检仪器确定爆炸范围,在大于爆炸区域的一定范围内实行戒严。经验法适用于部分有毒气体,如氯气、氨气、加臭天然气等。

2.警戒方法

一旦确定警戒范围,必须在警戒区设置警戒标志,如反光警戒标志牌、警戒绳,夜间可以拉防爆灯光警戒绳。在警戒区周围布置一定数量的警戒人员,防止无关人员和车辆进入警戒区。主要路口必须布置警戒人员,必要时实行交通管制。

3.消除警戒区内火种

对于易燃气体、液体泄漏事故,如果火灾尚未发生,则必须消除警戒区内的火源。常见火源有明火、非防爆电器、高温设备、进入警戒区作业人员的手机、化纤类服装、钉子鞋、火花工具及汽车、摩托车等机动车辆的尾气。

4.紧急疏散

迅速将警戒区及污染区内与事故应急处理无关的人员撤离,以减少不必要的人员伤亡。紧急疏散时应注意:如事故物质有毒时,需要佩戴个体防护用品或采用简易有效的防护措施,并有相应的监护措施;应向上风方向转移,明确专人引导和护送疏散人员到安全区或撤离的路线上设立哨位,指明方向;不要在低洼处滞留;应查明是否有人滞留在污染区与着火区。为使疏散工作顺利进行,至少有两个畅通无阻的紧急出口明显标志。

5.设主观察哨

选派有经验的指挥员和懂技术的工程技术人员,在指定位置(或巡回检查)密切注视泄漏点或危险部位的动态,以及险情的发展变化情况,发现异常及时通报,采取必要的措施处置。

(四)现场急救

在事故现场,化学品对人体可能造成伤害:中毒、窒息、冻伤、化学灼伤、烧伤等。对受伤害人员及时施救,可以最大限度地减少人员伤亡。

(五)安全防护

1.呼吸保护

常用的呼吸保护器具有防毒面罩和正压式空气呼吸器。防毒面罩体积小、质量轻、使用方便,对某些毒气有一定的防护作用。由于特定的过滤芯只能适用于一种或几种毒气,因此,在未知毒剂性质的条件下安全性相对较差。正压式空气呼吸器适用于危险化学品毒性大、浓度高及缺氧的危险场所。空气呼吸器的作业时间不能按铭牌标定的时间,而应根据佩戴人员平时的实际测试确定。一般容积为 6 L 的气瓶,有效工作时间不超过 30 min。救人时所佩戴的空气呼吸器应带有双人接头。

2.服装保护

进入高浓度区域工作的人员,内衣必须是纯棉的,外着全封闭式抢险救灾服、阻燃防化服或正压充气防护服。进入火灾区域可着避火服。外围人员可穿着普通战斗服,但袖口、领口必须扎紧,最好用胶带封闭,防止气体进入服装内。

3.药物防护

消防部队可以常备一些防毒、解毒药物,药物品种的准备可根据责任区内的危险化学品种类和性质确定。如责任区内有氰化物、丙烯腈等危险物品应备用亚硝酸戊酯和亚硝酸钠或4-二甲氨基苯酚(4-DMAP)、硫代硫酸钠注射液;如责任区内有硫化氢应备用亚硝酸戊酯和亚硝酸钠注射液;如责任区内有核物质应备用碘化钾药片。另外,还应备用一些高锰酸钾、碳酸氢钠等外用药及醋酸可的松软膏等眼药。有些药物在中毒以前服用,有些药物在中毒以后服用。注意,药物的服用和注射一定要在医生的指导下进行。

(六)泄漏处置

危险化学品泄漏后,不仅污染环境,对人体造成伤害,如遇可燃物质,还有引发火灾爆炸的可能。对泄漏事故应及时、正确处理,防止事故扩大。泄漏处理一般包括泄漏源控制及泄漏物处理两大部分。

1.泄漏源控制

可能时,通过控制泄漏源来消除化学品的溢出或泄漏。

在调度室的指令下,通过关闭有关阀门、停止作业或通过采取改变工艺流程、物料走副线、局部停车、打循环、减负荷运行等方法进行泄漏源控制。

容器发生泄漏后,采取措施修补和堵塞裂口,制止化学品的进一步泄漏,对整个应急处理是非常关键的。能否成功地进行堵漏取决于几个因素:接近泄漏点的危险程度、泄漏孔的尺寸、泄漏点处实际的或潜在的压力、泄漏物质的特性。

2.泄漏物处理

现场泄漏物要及时进行覆盖、收容、稀释、处理,使泄漏物得到安全可靠的处置,防止二次事故的发生。泄漏物处置主要有4种方法。

(1)围堤堵截。如果化学品为液体,泄漏到地面上时会四处蔓延扩散,难以收集处理。为此,需要筑堤堵截或者引流到安全地点。贮罐区发生液体泄漏时,要及时关闭雨水阀,防止物料沿明沟外流。

(2)稀释与覆盖。为减少大气污染,通常是采用水枪或消防水带向有害物蒸气云喷射雾状水,加速气体向高空扩散,使其在安全地带扩散。在使用这一技术时,将产生大量的被污染水,因此应疏通污水排放系统。对于可燃物,也可以在现场施放大量水蒸气或氮气,破坏燃烧条件。对于液体泄漏,为降低物料向大气中的蒸发速度,可用泡沫或其他覆盖物品覆盖外泄的物料,在其表面形成覆盖层,抑制其蒸发。

(3)收容(集)。对于大型泄漏,可选择用隔膜泵将泄漏出的物料抽入容器内或槽车内;当泄漏量小时,可用沙子、吸附材料、中和材料等吸收中和。

(4)废弃。将收集的泄漏物运至废物处理场所处置。用消防水冲洗剩下的少量物料,冲洗水排入含油污水系统处理。

3.泄漏处理注意事项

进入现场人员必须配备必要的个人防护器具;如果泄漏物是易燃易爆的,应严禁火种;应急处理时严禁单独行动,要有监护人,必要时用水枪、水炮掩护。

注意:化学品泄漏时,除受过特别训练的人员外,其他任何人不得试图清除泄漏物。

(七)火灾(爆炸)处置

危险化学品容易发生火灾、爆炸事故,但不同的化学品以及在不同情况下发生火灾时,其扑救方法差异很大,若处置不当,不仅不能有效扑灭火灾,反而会使灾情进一步扩大。此外,由于化学品本身及其燃烧产物大多具有较强的毒害性和腐蚀性,极易造成人员中毒、灼伤,因此,扑救化学危险品火灾是一项极其重要而又非常危险的工作。从事化学品生产、使用、储存、运输的人员和消防救护人员平时应熟悉和掌握化学品的主要危险特性及其相应的灭火措施,并定期进行防火演习,加强紧急事态时的应变能力。

一旦发生火灾,每个职工都应清楚地知道他们的作用和职责,掌握有关消防设施、人员的疏散程序和危险化学品灭火的特殊要求等内容。

1.灭火对策

(1)扑救初期火灾。在火灾尚未扩大到不可控制之前,应使用适当移动式灭火器来控制火灾。迅速关闭火灾部位的上下游阀门,切断进入火灾事故地点的一切物料,然后立即启用现有各种消防设备、器材扑灭初期火灾和控制火源。

(2)对周围设施采取保护措施。为防止火灾危及相邻设施,必须及时采取冷却保护措施,并迅速疏散受火势威胁的物资。有的火灾可能造成易燃液体外流,这时可用沙袋或其他材料筑堤拦截流淌的液体或挖沟导流,将物料导向安全地点。必要时用毛毡、海草帘堵住下水井、阴井口等处,防止火焰蔓延。

(3)火灾扑救。扑救危险化学品火灾决不可盲目行动,应针对每一类化学品,选择正确的灭火剂和灭火方法。必要时采取堵漏或隔离措施,预防次生灾害扩大。当火势被控制以后,仍然要派人监护,清理现场,消灭余火。

2.几种特殊化学品的火灾扑救注意事项

(1)扑救液化气体类火灾,切忌盲目扑灭火势,在没有采取堵漏措施的情况下,必须保持稳定燃烧。否则,大量可燃气体泄漏出来与空气混合,遇着火源就会发生爆炸,后果将不堪设想。

(2)对于爆炸物品火灾,切忌用沙土盖压,以免增强爆炸物品爆炸时的威力;扑救爆炸物品堆垛火灾时,水流应采用吊射,避免强力水流直接冲击堆垛,以免堆垛倒塌引起再次爆炸。

(3)对于遇湿易燃物品火灾,绝对禁止用水、泡沫、酸碱等湿性灭火剂扑救。

(4)氧化剂和有机过氧化物的灭火比较复杂,应针对具体物质具体分析。

(5)扑救毒害品和腐蚀品的火灾时,应尽量使用低压水流或雾状水,避免腐蚀品、毒害品溅出;遇酸类或碱类腐蚀品,最好调制相应的中和剂稀释中和。

(6)易燃固体、自燃物品一般都可用水和泡沫扑救,只要控制住燃烧范围,逐步扑灭即可。但有少数易燃固体、自燃物品的扑救方法比较特殊。如2,4-二硝基苯甲醚、二硝基萘、萘等是易升华的易燃固体,受热放出易燃蒸气,能与空气形成爆炸性混合物,尤其在室内,易发生爆燃,在扑救过程中应不时向燃烧区域上空及周围喷射雾状水,并消除周围一切火源。

注意:①发生化学品火灾时,灭火人员不应单独灭火,出口应始终保持清洁和畅通,要选择正确的灭火剂,灭火时还应考虑人员的安全。②化学品火灾的扑救应由专业消防队来进行,其他人员不可盲目行动,待消防队到达后,介绍物料介质,配合扑救。③应急处理过程并非是按部就班地按以上顺序进行,而是根据实际情况尽可能同时进行,如危险化学品泄漏,应在报警的同时尽可能切断泄漏源等等。④化学品事故的特点是发生突然,扩散迅速,持续时间长,涉及面广。一旦发生化学品事故,往往会引起人们的慌乱,若处理不当,会引起二次灾害。

(八)洗消处理

洗消是处置危险化学品事故的最后一个步骤,洗消方法有物理洗消和化学洗消两种。物理洗消是通过冲洗、稀释、掩埋等方法,减轻或转移危险化学品对人员和环境的危害;化学洗消是通过化学反应使有毒物质转化为无毒或低毒物质,从根本上消除危险化学品的危害。化学洗消方法从原理上可以分为中和法、配合法、氧化还原法及催化法等几种。对于酸、碱物质造成的污染,一般采用中和法洗消,如硫酸、硝酸污染可用稀碱液洗消;氰化物的污染一般采用配合法洗消;卤族元素造成的污染一般用氧化还原法洗消,如氯气可用碳酸钠洗消。对不宜进行化学洗消的毒剂,可以采用掩埋或用大量的水稀释的方法。

洗消的对象包括染毒人员、装备、建筑和地面等。

洗消尽可能在现场进行,防止扩大污染范围。

应急救援过程并非按部就班地按以上顺序进行,而是根据实际情况尽可能地同时进行。如危险化学品泄漏,在侦查与监测的同时甚至接警、报警时即应尽可能切断泄漏源等。

三、危险化学品应急处置应坚持的原则

坚持先控制,后处置的原则。

坚持上风方向原则。

坚持冷却稀释、防止爆炸与工艺配合相结合的原则。

坚持以快制快的原则,力争将事故控制在较小的范围内。

坚持利用现有装备、有限参与的原则,避免不必要的人员伤亡和中毒事故。

第二节 危险化学品应急救援的基本方法

一、爆炸品事故处置

爆炸品由于内部结构特性,爆炸性强,敏感度高,受摩擦、撞击、震

动、高温等外界因素诱发而发生爆炸,遇明火则更危险。其特点是反应速度快,瞬间即完成猛烈的化学反应,同时放出大量的热量,产生大量的气体,且火焰温度相当高。如爆破用电雷管、弹药用雷管、硝铵炸药(铵梯炸药)等具有整体爆炸危险;如炮用发射药、起爆引信、催泪弹药具有抛射危险但无整体爆炸危险;如二亚硝基苯无烟火药、三基火药等具有燃烧危险和较小爆炸或较小抛射危险,或两者兼有,但无整体爆炸危险;如烟花、爆竹、鞭炮等具有无重大危险的爆炸物质和物品导爆索(柔性的);B型爆破用炸药、E型爆破用炸药、铵油炸药等属于非常不敏感的爆炸物质。

发生爆炸品火灾时,一般应采取以下处置方法。

第一,迅速判断和查明再次发生爆炸的可能性和危险性,紧紧抓住爆炸后和再次发生爆炸之前的有利时机,采取一切可能的措施,全力制止再次爆炸的发生。

第二,凡有搬移的可能,在人身安全确有可靠保障的情况下,应迅即组织力量,在水枪的掩护下及时搬移着火源周围的爆炸品至安全区域,远离住宅、人员集聚、重要设施等地方,使着火区周围形成一个隔离带。

第三,禁止用沙土类的材料进行盖压,以免增强爆炸品爆炸时的威力。扑救爆炸品堆垛时,水流应采用吊射,避免强力水流直接冲击堆垛,造成堆垛倒塌引起再次爆炸。

第四,灭火人员应积极采取自我保护措施,尽量利用现场的地形、地物作为掩体和尽量采用卧姿等低姿射水;消防设备、设施及车辆不要停靠离爆炸品太近的水源处。

第五,灭火人员发现有再次爆炸的危险时,应立即撤离并向现场指挥报告,现场指挥应迅速作出准确判断,确有发生再次爆炸征兆或危险时,应立即下达撤退命令,迅速撤离灭火人员至安全地带。来不及撤退的灭火人员,应迅速就地卧倒,等待时机和救援。

二、压缩气体和液化气体事故处置

为了便于使用和储运,通常将气体用降温加压法压缩或液化后储存在钢瓶或储罐等容器中。在容器中处在气体状态的称为压缩气体,处在液体状态的称为液化气体。另外,还有加压溶解的气体。常见压缩、液化或加压溶解的气体有：氧气、氯气、液化石油气、液化天然气、乙炔等。储存在容器中的压缩气体压力较高，储存在容器中的液化气体当温度升高时液体汽化、膨胀会导致容器内压力升高，因此，储存压缩气体和液化气体的容器受热或受火焰熏烤容易发生爆裂。

压缩气体和液化气体另一种输送形式是通过管道(比较常见的是煤气、天然气等)。它比移动方便的钢瓶容器稳定性强，但同样具有易燃易爆的危险特点。压缩气体和液化气体泄漏后，遇着火源已形成稳定燃烧时，其发生爆炸或再次爆炸的危险性与可燃气体泄漏未燃时相比要小得多①。

遇到压缩气体或液化气体火灾时，一般应采取以下处置方法。

第一，及时设法找到气源阀门。阀门完好时，只要关闭气体阀门，火势就会自动熄灭。在关阀无效时，切忌盲目灭火，在扑救周围火势以及冷却过程中不小心把泄漏处的火焰扑灭了，在没有采取堵漏措施的情况下，必须立即将火点燃，使其继续稳定燃烧。否则，大量可燃气体泄漏出来与空气混合，遇着火源就会发生爆炸，后果将不堪设想。

第二，选用水、干粉、二氧化碳等灭火剂扑灭外围被火源引燃的可燃物火势，切断火势蔓延途径，控制燃烧范围。

第三，如有受到火焰热辐射威胁的压缩气体或液化气体压力容器，特别是多个压力容器存放在一起的地方，能搬移且安全有保障的，应迅即组织力量，在水枪的掩护下，一方面将压力容器搬移到安全地带，远离住宅、人员集聚、重要设施等地方。抢救搬移出来的压缩气体或储存的液化气体的压力容器还要注意防火降温和防碰撞等措施。同时，要及时搬移着火源周围的其他易燃易爆物品至安全区域，使着火区周围形成一个隔离带。

不能搬移的压缩气体或液化气体压力容器，应部署足够的水枪进行降温冷却保护，以防止潜伏的爆炸危险。对卧式贮罐或管道进行冷却时，为防止压力容器或管道爆裂伤人，进行冷却的人员应尽量采用低姿射水或利用现场坚实的掩体防护，选择贮罐4个侧角作为射水阵地。

第四，现场指挥应密切注意各种危险征兆，遇有火势熄灭后较长时

①崔政斌,石方惠,周礼庆.危险化学品企业应急救援[M].北京:化学工业出版社,2017.

间未能恢复稳定燃烧或受热辐射的容器安全阀火焰变亮耀眼、尖叫、晃动等爆裂征兆时,指挥员必须作出准确判断,及时下达撤退命令。现场人员看到或听到事先规定的撤退信号后,应迅速撤退至安全地带。

第五,在关闭气体阀门时发现贮罐或管道泄漏关阀无效时,应根据火势大小判断气体压力和泄漏口的大小及其形状,准备好相应的堵漏材料,如软木塞、橡皮塞、气囊塞、黏合剂、弯管工具等。堵漏工作准备就绪后,即可用水扑救火势,也可用干粉、二氧化碳灭火,但仍需要用水冷却烧烫的管壁。火扑灭后,应立即用堵漏材料堵漏,同时用雾状水稀释和驱散泄漏出来的气体。

第六,碰到一次堵漏不成功,需一定时间再次堵漏时,应继续将泄漏处点燃,使其恢复稳定燃烧,以防止潜伏发生爆炸的危险,并准备再次灭火堵漏。如果确认泄漏口较大,一时无法堵漏,只需冷却着火源周围管道和可燃物品,控制着火范围,直到燃气燃尽,火势自动熄灭。

第七,气体贮罐或管道阀门处泄漏着火时,在特殊情况下,只要判断阀门还有效,也可违反常规,先扑灭火势,再关闭阀门。一旦发现关闭已无效,一时又无法堵漏时,应迅即点燃,继续恢复稳定燃烧。

三、易燃液体事故处置

易燃液体通常也是贮存在容器内或用管道输送的。与气体不同的是,液体容器有的密闭,有的敞开,一般都是常压,只有反应锅(炉、釜)及输送管道内的液体压力较高。液体不管是否着火,如果发生泄漏或溢出,都将顺着地面流淌或水面漂散,而且,易燃液体还有密度和水溶性等涉及能否用水和普通泡沫扑救以及危险性很大的沸溢和喷溅等问题。

第一,切断火势蔓延的途径,冷却和疏散受火势威胁的密闭容器和可燃物,控制燃烧范围,并积极抢救受伤和被困人员。如有液体流淌时,应筑堤(或用围油栏)拦截漂散流淌的易燃液体或挖沟导流。

第二,及时了解和掌握着火液体的品名、密度、水溶性以及有无毒害、腐蚀、沸溢、喷溅等危险性,以便采取相应的灭火和防护措施。

第三,对较大的贮罐或流淌火灾,应准确判断着火面积。大面积(大于 5 m^2)液体火灾则必须根据其相对密度、水溶性和燃烧面积大小,选择正确的灭火剂扑救。对不溶于水的液体(如汽油、苯等),用直流水、雾状水灭火往往无效。可用普通氟蛋白泡沫或轻水泡沫扑灭。用干粉扑救时,灭火效果要视燃烧面积大小和燃烧条件而定,最好用水冷却罐壁。

比水重又不溶于水的液体起火时可用水扑救,水能覆盖在液面上灭火。用泡沫也有效。用干粉扑救时,灭火效果要视燃烧面积大小和燃烧条件而定,最好用水冷却罐壁,降低燃烧强度。

具有水溶性的液体(如醇类,酮类等),虽然从理论上讲能用水稀释扑救,但用此法要使液体闪点消失,水必须在溶液中占很大比例,这不仅需要大量的水,也容易使液体溢出流淌,而普通泡沫又会受到水溶性液体的破坏(如果普通泡沫强度加大,可以减弱火势);因此最好用抗溶性泡沫扑救。用干粉扑救时,灭火效果要视燃烧面积大小和燃烧条件而定,也需用水冷却罐壁,降低燃烧强度。与水起作用的易燃液体,如乙硫醇、乙酰氯、有机硅烷等禁用含水灭火剂。

第四,扑救毒害性、腐蚀性或燃烧产物毒害性较强的易燃液体火灾,扑救人员必须佩戴防护面具,采取防护措施。对特殊物品的火灾,应使用专用防护服。考虑到过滤式防毒面具的局限性,在扑救毒害品火灾时应尽量使用隔离式空气呼吸器。为了在火场上正确使用和适应,平时应进行严格的适应性训练。

第五,扑救闪点不同黏度较大的介质混合物,如原油和重油等具有沸溢和喷溅危险的液体火灾,必须注意观察发生沸溢、喷溅的征兆,估计可能发生沸溢,喷溅的时间。一旦现场指挥发现危险征兆时应迅即作出准确判断,及时下达撤退命令,避免造成人员伤亡和装备损失。扑救人员看到或听到统一撤退信号后,应立即撤退至安全地带。

第六,遇易燃液体管道或贮罐泄漏着火,在切断蔓延方向并把火势限制在指定范围内的同时,应设法找到输送管道并关闭进、出阀门,如果管道阀门已损坏或贮罐泄漏,应迅速准备好堵漏器材,然后先用泡沫、干粉、二氧化碳或雾状水等扑灭地上的流淌火焰,为堵漏扫清障碍;其次再扑灭泄漏处的火焰,并迅速采取堵漏措施。与气体堵塞不同的是,液体一次堵漏失败,可连续堵几次,只要用泡沫覆盖地面,并堵住液体流淌和控制好周围着火源,不必点燃泄漏处的液体。

四、易燃固体、自燃物品事故处置

易燃固体、自燃物品一般都可用水和泡沫扑救,相对其他种类的危险化学品而言是比较容易扑救的,只要控制住燃烧范围,逐步扑灭即可。也有少数易燃固体、自燃物质的扑救方法比较特殊。

遇到易燃固体、自燃物品火灾,一般应采取以下基本处置方法。

第一,积极抢救受伤和被困人员,迅速撤离疏散;将着火源周围的其他易燃易爆物品搬移至安全区域,远离灾区,避免扩大人员伤亡和受灾范围。

第二,一些能升华的易燃固体(如2,4-二硝基苯甲醚、二硝基萘、萘等)受热后能产生易燃蒸气。如二硝基类化合物燃烧时火势迅猛,若灭火剂在单位时间内喷出的药量太少灭火效果不佳。此外二硝基类化合物一般都易爆炸,遇重物压迫,则有爆炸危险,且硝基越多,爆炸危险性越大,若大量砂土压上去,可能会变燃烧为爆炸。火灾时应用雾状水、泡沫扑救,切断火势蔓延途径,但要注意,明火扑灭后,因受热后升华的易燃蒸气能在不知不觉中飘逸,能在上层与空气形成爆炸性混合物,尤其是在室内,易发生爆燃。扑救此类物品火灾时,应不时地向燃烧区域上空及周围喷射雾状水,并用水扑灭燃烧区域及其周围的一切火源。

第三,黄磷是自燃点很低且在空气中能很快氧化升温自燃的物品,遇黄磷火灾时,禁用酸碱、二氧化碳、卤代烷灭火剂,首先应切断火势蔓延途径,控制燃烧范围,用低压水或雾状水扑救。高压直流水冲击能引起黄磷飞溅,导致灾害扩大。黄磷熔融液体流淌时应用泥土、砂袋等筑堤拦截,并用雾状水冷却,对冷却后已固化的黄磷,应用钳子钳入贮水容器中。来不及钳时可先用砂土掩盖,但应做好标记,等火势扑灭后,再逐步集中到储水容器中。

第四,少数易燃固体和自燃物质不能用水和泡沫扑救,如三硫化二磷、铝粉、烷基铅、保险粉(连二亚硫酸钠)等,应根据具体情况区别处理。宜选用干砂和不用压力喷射的干粉扑救。易燃金属粉末,如镁粉、铝粉禁用含水、二氧化碳、卤代烷灭火剂。连二亚硫酸钠、连二亚硫酸钾、连二亚硫酸钙、连二亚硫酸锌等连二亚硫酸盐,遇水或吸收潮湿空气能发热,引起冒黄烟燃烧,并放出有毒和易燃的二氧化硫。

第五,抢救搬移出来的易燃固体、自燃物质要注意采取防火降温、防水散流等措施。

五、遇湿易燃物品事故处置

遇湿易燃物品遇水或者潮湿放出大量可燃、易燃气体和热量,有的遇湿易燃物品不需要明火,即能自动燃烧或爆炸,如金属钾、钠、三乙基铝(液态)、电石(碳酸钙)、碳化铝、碳化镁、氢化锂、氢化钠、乙硅烷、乙硼烷等。有的遇湿易燃物品与酸反应更加剧烈,极易引起燃烧爆炸。因此,这类物质达到一定数量时,绝对禁止用水、泡沫等湿性灭火剂扑救。这类物品的这一特殊性对其火灾的扑救工作带来了很大的困难。

对遇湿易燃物品火灾,一般应采取以下基本处置方法。

第一,首先应了解清楚遇湿易燃物品的品名、数量、是否与其他物品混存、燃烧范围、火势蔓延途径,以便采取相对应的灭火措施。

第二,在施救、搬移着火的遇湿易燃物品时,应尽可能将遇湿易燃物品与其他非遇湿易燃物品或易燃易爆物品分开。如果其他物品火灾威胁到相邻的遇湿易燃物品,应将遇湿易燃物品迅速疏散转移至安全地点。如遇湿易燃物品较多,一时难以转移,应先用油布或塑料膜等防水布将遇湿易燃物品遮盖好,然后再在上面盖上毛毡、石棉被、海藻席(或棉被)并淋上水。如果遇湿易燃物品堆放处地势不太高,可在其周围用土筑一道防水堤。在用水或泡沫扑救火灾时,对相邻的遇湿易燃物品应留有一定的力量监护。

第三,如果只有极少量的遇湿易燃物品,在征求有关专业人员同意后,可用大量的水或泡沫扑救。水或泡沫刚接触着火点时,短时间内可能会使火势增大,但少量遇湿易燃物品燃尽后,火势很快就会熄灭或减小。

第四,如果遇湿易燃物品数量较多,且未与其他物品混存,则绝对禁止用水或泡沫等湿性灭火剂扑救。遇湿易燃物品起火应用干粉、二氧化碳扑救,但金属锂、钾、钠、铷、铯、锶等物品由于化学性质十分活泼,能夺取二氧化碳中的氧而引起化学反应,使燃烧更猛烈,所以也不能用二氧化碳扑救。固体遇湿易燃物品应用水泥、干砂、干粉、硅藻土和蛭石等进行覆盖。水泥、沙土是扑救固体遇湿易燃物品火灾比较容易得到的灭火剂,且效果也比较理想。

第五,对遇湿易燃物品中的粉尘火灾,切忌使用有压力的灭火剂进行喷射,这样极易将粉尘吹扬起来,与空气形成爆炸性混合物而导致爆炸事故的发生。

通常情况下,遇湿易燃物品由于其发生火灾时的灭火措施特殊,在储存时要求分库或隔离分堆单独储存,但在实际操作中有时往往很难完全做到,尤其是在生产和运输过程中更难以做到,如铝制品厂往往遍地积有铝粉。对包装坚固、封口严密、数量又少的遇湿易燃物品,在储存时往往同室分堆或同柜分格储存。这就给其火灾扑救工作带来了更大的困难,灭火人员在扑救中应谨慎处置。

六、氧化剂和有机过氧化物事故处置

从灭火角度讲,氧化剂和有机过氧化物既有固体、液体,又有气体。既不像遇湿易燃物品一概不能用水和泡沫扑救,也不像易燃固体几乎都可用水和泡沫扑救。有些氧化剂本身虽然不会燃烧,但遇可燃、易燃物品或酸碱却能着火和爆炸。有机过氧化物(如过氧化二苯甲酰等)本身就能着火、爆炸,危险性特别大,施救时要注意人员的防护措施。

对于不同的氧化剂和有机过氧化物火灾,有的可用水(最好是雾状水)和泡沫扑救,有的不能用水和泡沫扑救,还有的不能用二氧化碳扑救。如有机过氧化物类、氯酸盐类、硝酸盐类、高锰酸盐类、亚硝酸盐类、重铬酸盐类等氧化剂遇酸会发生反应,产生热量,同时游离出更不稳定的氧化性酸,在火场上极易分解爆炸。因这类氧化剂会在燃烧中自动放出氧,故二氧化碳的窒息作用也难以奏效。因卤代烷在高温时游离出的卤素离子与这类氧化剂中的钾、钠等金属离子结合成盐,同时放出热量,故卤代烷灭火剂的效果也较差,但有机过氧化物使用卤代烷仍有效。金属过氧化物类遇水分解,放出大量热量和氧,反而助长火势;遇酸强烈分解,反应比遇水更为剧烈,产生热量更多,并放出氧,往往发生爆炸;卤代烷灭火剂遇高温分解,游离出卤素离子,极易与金属过氧化物中的活泼金属元素结合成金属卤化物,同时产生热量和放出氧,使燃烧更加剧烈。因此金属过氧化物禁用水、卤代烷灭火剂和酸碱、泡沫灭火剂,二氧化碳灭火剂的效果也不佳。

遇到氧化剂和有机过氧化物火灾,一般应采取以下基本处置方法。

第一,迅速查明着火的氧化剂和有机过氧化物,以及其他燃烧物的品名、数量、主要危险特性、燃烧范围、火势蔓延途径、能否用水或泡沫灭火剂等扑救。

第二,尽一切可能将不同类别、品种的氧化剂和有机过氧化物与其他非氧化剂和有机过氧化物或易燃易爆物品分开、阻断,以便采取相对应的灭火措施。

第三,能用水或泡沫扑救时,应尽可能切断火势蔓延方向,使着火源孤立起来,限制其燃烧的范围。如有受伤和被困人员的,应迅速积极抢救。

第四,不能用水、泡沫、二氧化碳扑救时,应用干粉、水泥、干砂进行覆盖。用水泥、干砂覆盖时,应先从着火区域四周开始,尤其是从下风处等火势主要蔓延的方向覆盖起,形成孤立火势的隔离带,然后逐步向着火点逼近。

第五,由于大多数氧化剂和有机过氧化物遇酸类会发生剧烈反应,甚至爆炸,如过氧化钠、过氧化钾、氯酸钾、高锰酸钾、过氧化二苯甲酰等。因此,专门生产、经营、储存、运输、使用这类物品的单位和场所,应谨慎配备泡沫、二氧化碳等灭火剂,遇到这类物品的火灾时也要慎用。

七、毒害品事故处置

毒害品对人体有严重的危害。毒害品主要是经口、吸入蒸气或通过皮肤接触引起人体中毒的,如无机毒品有氰化钠、三氧化二砷(砒霜);有机毒品有硫酸二甲酯、四乙基铅等。有些毒害品本身能着火,还有发生爆炸的危险;有的本身并不能着火,但与其他可燃、易燃物品接触后能着火。这类物品发生火灾时通常扑救不是很困难,但着火后或与其他可燃、易燃物品接触着火后,甚至爆炸后,会产生毒害气体。因此,特别需要注意人体的防护措施。

遇到毒害品火灾,一般应采取以下基本处置方法。

第一,毒害品火灾极易造成人员中毒和伤亡事故。施救人员在确保安全的前提下,应采取有效措施,迅速投入寻找、抢救受伤或被困人员,并采取清水冲洗、漱洗、隔开、医治等措施。严格禁止其他人员擅自进入灾区,避免人员中毒、伤亡和受灾范围的扩大。同时,积极控制毒害品燃烧和蔓延的范围。

第二,施救人员必须穿着防护服,佩戴防护面具,采取全身防护,对有特殊要求的毒害品火灾,应使用专用防护服。考虑到过滤式防毒面具防毒范围的局限性,在扑救毒害品火灾时应尽量使用隔绝式氧气或空气呼吸器。为了在火场上能正确使用这些防护器具,平时应进行严格的适应性训练。

第三,积极限制毒害品燃烧区域,应尽量使用低压水流或雾状水,严格避免毒害品溅出造成灾害区域扩大。喷射时干粉易将毒害品粉末吹起,增加危险性,所以慎用干粉灭火剂。

第四,遇到毒害品容器泄漏,要采取一切有效的措施,用水泥、泥土、砂袋等材料进行筑堤拦截,或收集、或稀释,将它控制在最小的范围内。严禁泄漏的毒害品流淌至河流水域。有泄漏的容器应及时采取堵漏、严控等有效措施。

第五,毒害品的灭火施救,应多采用雾状水、干粉、沙土等,慎用泡沫、二氧化碳灭火剂,严禁使用酸碱类灭火剂灭火。如氰化钠、氰化钾及其他氰化物等遇泡沫中酸性物质能生成剧毒物质氢化氰,因此不能用酸碱类灭火剂灭火。二氧化碳喷射时会将氰化物粉末吹起,增加毒害性,此外氰化物是弱酸,在潮湿空气中能与二氧化碳起反应。虽然该反应受空气中水蒸气的限制,反应又不快,但毕竟会产生氰化氢,故应慎用。

第六,严格做好现场监护工作,灭火中和灭火完毕都要认真检查,以防疏漏。

八、腐蚀品事故处置

腐蚀品具有强烈的腐蚀性、毒性、易燃性、氧化性。有些腐蚀品本身能着火,有的本身并不能着火,但与其他可燃物品接触后可以燃烧。部分有机腐蚀品遇明火易燃烧,如冰醋酸、醋酸酐、苯酚等。有的有机腐蚀品遇热极易爆炸,有的无机酸性腐蚀品遇还原剂、受热等也会发生爆炸。腐蚀品对人体都有一定的危害,它会通过皮肤接触给人体造成化学灼伤。这类物品发生火灾时通常扑救不很困难,但它对人体的腐蚀伤害是严重的;因此,接触时特别需要注意人体的防护。

遇到腐蚀品火灾,一般应采取以下基本处置方法。

第一，腐蚀品火灾极易造成人员伤亡。施救人员在采取防护措施后，应立即投入寻找和抢救受伤、被困人员，被抢救出来的受伤人员应马上采取清水冲洗、医治等措施；同时，迅速控制腐蚀品燃烧范围，避免受灾范围的扩大。

第二，施救人员必须穿着防护服，佩戴防护面具。一般情况下采取全身防护即可，对有特殊要求的物品火灾，应使用专用防护服。考虑到腐蚀品的特点，在扑救腐蚀品火灾时应尽量使用防腐蚀的面具、手套、长筒靴等。为了在火场上能正确使用这些防护器具，平时应进行严格的适应性训练。

第三，扑救腐蚀品火灾时，应尽量使用低压水流或雾状水，避免因腐蚀品的溅出而扩大灾害区域。如发烟硫酸、氯磺酸、浓硝酸等发生火灾后，宜用雾状水、干沙土、二氧化碳扑救。如三氯化磷、氧氯化磷等遇水会产生氯化氢，因此在有该类物质的火场，要采取防水保护，可用雾状水驱散有毒气体。

第四，遇到腐蚀品容器泄漏，在扑灭火势的同时应采取堵漏措施。腐蚀品堵漏所需材料一定要注意选用具有防腐性的。

第五，浓硫酸遇水能放出大量的热，会导致沸腾飞溅，需特别注意防护。扑救浓硫酸与其他可燃物品接触发生的火灾，且浓硫酸数量不多时，可用大量低压水快速扑救。如果浓硫酸量很大，应先用二氧化碳、干粉等灭火剂进行灭火，然后再把着火物品与浓硫酸分开。

第六，严格做好现场监护工作，灭火中和灭火完毕都要认真检查，以防疏漏。

九、放射性物品事故处置

放射性物品系指具有能自发、不断地放射出人们感觉器官不能觉察到，但却能严重损害人的生命健康的α射线、β射线、γ射线和中子流等的特殊物品。对这类物品的火灾必须采取有组织、有指挥、有预案的施救行动，必须采取特殊的能防护射线照射的措施。

遇到放射性物品火灾，一般应采取以下基本处置方法。

第一，迅速将人员疏散撤离，远离射线照射灾区；禁止无组织、无指挥的个人施救行动。避免人员伤亡和受灾范围的扩大。

第二,在灭火施救时,应先派出精干人员携带放射性测试仪器,测试辐射(剂)量和范围。测试人员应尽可能地采取防护措施。

对辐射(剂)量超标的区域,应设置写有"危及生命、禁止进入"或"辐射危险、请勿接近"的警告标志牌。测试人员还应进行不间断地巡回监测,防止放射性物品泄漏。

第三,对于辐射(剂)量大的区域,灭火人员不能深入辐射源灭火。对辐射(剂)量小的区域可快速出水灭火或用泡沫、二氧化碳、干粉灭火剂扑救,并积极抢救受伤人员。

第四,对燃烧现场包装没有破坏的放射性物品,可在水枪的掩护下,佩戴防护装备,设法将放射性物品搬移至安全地带。无法搬移疏散的,应就地冷却保护,防止造成新的破损,增加辐射(剂)量。

第五,对已经破损的容器和放射性物品,切忌搬动或用水流冲击,特别是不要用带有压力的灭火剂喷射,以防止放射性物品污染范围扩大。

第六,严格做好现场监护,灭火完毕还要认真检查,以防疏漏。

当放射性物品着火时,可用雾状水扑救;灭火人员应穿戴防护用具,并站在上风处,向包件上洒水,这样有助于防止辐射和屏蔽材料(如铅)的熔化,但注意不能使消防用水流失过多,以免造成大面积污染;放射性物品沾染人体时,应迅速用肥皂水洗刷至少3次;灭火结束时要很好地淋浴冲洗,使用过的防护用品应在有关部门的监督下进行清洗。

第三节 危险化学品事故处置措施

一、危险化学品泄漏事故处置措施

危险化学品泄漏事故现场进行处理时,应2~3人为一组,随时保持联系。同时,做好自身防护,避免发生伤亡。

(一)进入泄漏现场

进入现场救援人员必须配备必要的个人防护器具。

如果泄漏物是易燃易爆的,事故中心区应严禁火种、切断电源、禁止车辆进入、立即在边界设置警戒线。根据事故情况和事故发展,确定事故波及区人员的撤离。

如果泄漏物是有毒的,应使用专用防护服、隔绝式空气面具。为了在现场能正确使用和适应,平时应进行严格的适应性训练。立即在事故中心区边界设置警戒线。根据事故情况和事故发展,确定事故波及区人员的撤离。

应急处理时严禁单独行动,要有监护人,必要时用水枪、水炮掩护。

(二)泄漏源控制

关闭阀门、停止作业或改变工艺流程、物料走副线、局部停车、打循环、减负荷运行等。堵漏,采用合适的材料和技术手段堵住泄漏处。

(三)泄漏物处理

围堤堵截:筑堤堵截泄漏液体或者引流到安全地点。贮罐区发生液体泄漏时,要及时关闭雨水阀,防止物料沿明沟外流。

稀释与覆盖:向有害物蒸气云喷射雾状水,加速气体向高空扩散。对于可燃物,也可以在现场施放大量水蒸气或氮气,破坏燃烧条件。对于液体泄漏,为降低物料向大气中的蒸发速度,可用泡沫或其他覆盖物品覆盖外泄的物料,在其表面形成覆盖层,抑制其蒸发。

收容(集):对于大型泄漏,可选择用隔膜泵将泄漏出的物料抽入容器内或槽车内;当泄漏量小时,可用沙子、吸附材料、中和材料等吸收中和。

处置:将收集的泄漏物运至废物处理场所处置。用消防水冲洗剩下的少量物料,冲洗水排入污水系统处理。

二、危险化学品火灾事故处置措施

先控制,后消灭。针对危险化学品火灾的火势发展蔓延快和燃烧面积大的特点,积极采取统一指挥、以快制快、堵截火势、防止蔓延、重点突破、排除险情、分割包围、速战速决的灭火战术。

扑救人员应占领上风或侧风阵地。

进行火情侦察、火灾扑救、火场疏散的人员应有针对性地采取自我防护措施,如佩戴防护面具,穿戴专用防护服等。

应迅速查明燃烧范围、燃烧物品及其周围物品的品名和主要危险特性、火势蔓延的主要途径,燃烧的危险化学品及燃烧产物是否有毒。

正确选择最适合的灭火剂和灭火方法。火势较大时,应先堵截火势蔓延,控制燃烧范围,然后逐步扑灭火势。

对有可能发生爆炸、爆裂、喷溅等特别危险需紧急撤退的情况,应按照统一的撤退信号和撤退方法及时撤退(撤退信号应格外醒目,能使现场所有人员都看到或听到,并应经常演练)。

火灾扑灭后,起火单位要派人监护现场,消灭余火,保护现场,接受事故调查,协助公安消防部门调查火灾原因,核定火灾损失,查明火灾责任,未经公安消防部门同意,不得擅自清理火灾现场。

三、压缩气体和液化气体火灾事故处置措施

扑救气体火灾切忌盲目灭火,即使在扑救周围火势以及冷却过程中不小心把泄漏处的火焰扑灭了,在没有采取堵漏措施的情况下,也必须立即用长点火棒将火点燃,使其恢复稳定燃烧。否则,大量可燃气体泄漏出来与空气混合,遇着火源就会发生爆炸,后果将不堪设想。

第一,首先应扑灭外围被火源引燃的可燃物火势,切断火势蔓延途径,控制燃烧范围,并积极抢救受伤和被困人员。

第二,如果火势中有压力容器或有受到火焰辐射热威胁的压力容器,能疏散的应尽量在水枪的掩护下疏散到安全地带,不能疏散的应部署足够的水枪进行冷却保护。为防止容器爆裂伤人,进行冷却的人员应尽量采用低姿射水或利用现场坚实的掩蔽体防护。对卧式贮罐,冷却人员应选择贮罐四侧角作为射水阵地。

第三,如果是输气管道泄漏着火,应首先设法找到气源阀门。阀门完好时,只要关闭气体阀门,火势就会自动熄灭。

第四,贮罐或管道泄漏阀门关闭无效时,应根据火势大小判断气体压力和泄漏口的大小及其形状,准备好相应的堵漏材料(如软木塞、橡皮塞、气囊塞、黏合剂、弯管工具等)。

第五,堵漏工作准备就绪后,既可用水扑救火势,也可用干粉、二氧化碳灭火,但仍需用水冷却烧烫的罐或管壁。火扑灭后,应立即用堵漏材料堵漏,同时用雾状水稀释和驱散泄漏出来的气体。

第六,一般情况下完成了堵漏也就完成了灭火工作,但有时一次堵漏不一定能成功,如果一次堵漏失败,再次堵漏需一定时间,应立即用长

点火棒将泄漏处点燃,使其恢复稳定燃烧,以防止较长时间泄漏出来的大量可燃气体与空气混合后形成爆炸性混合物,从而存在发生爆炸的危险,并准备再次灭火堵漏。

第七,如果确认泄漏口很大,根本无法堵漏,只需冷却着火容器及其周围容器和可燃物品,控制着火范围,一直到燃气燃尽,火势自动熄灭。

第八,现场指挥应密切注意各种危险征兆,遇有火势熄灭后较长时间未能恢复稳定燃烧或受热辐射的容器安全阀火焰变亮耀眼、尖叫、晃动等爆裂征兆时,指挥员必须适时做出准确判断,及时下达撤退命令。现场人员看到或听到事先规定的撤退信号后,应迅速撤退至安全地带。

第九,气体贮罐或管道阀门处泄漏着火时,在特殊情况下,只要判断阀门还有效,也可违反常规,先扑灭火势,再关闭阀门。一旦发现关闭已无效,一时又无法堵漏时,应迅即点燃,恢复稳定燃烧。

四、易燃液体火灾事故处置措施

易燃液体通常也是贮存在容器内或用管道进行输送的。与气体不同的是,液体容器有的密闭,有的敞开,一般都是常压,只有反应锅(炉、釜)及输送管道内的液体压力较高。液体不管是否着火,如果发生泄漏或溢出,都将顺着地面流淌或水面漂散,而且,易燃液体还有密度和水溶性等涉及能否用水和普通泡沫扑救的问题以及危险性很大的沸溢和喷溅问题[①]。

第一,首先应切断火势蔓延的途径,冷却和疏散受火势威胁的密闭容器和可燃物,控制燃烧范围,并积极抢救受伤和被困人员。如有液体流淌时,应筑堤(或用围油栏)拦截漂散流淌的易燃液体或挖沟导流。

第二,及时了解和掌握着火液体的品名、密度、水溶性以及有无毒害、腐蚀、沸溢、喷溅等危险性,以便采取相应的灭火和防护措施。

第三,对较大的贮罐或流淌火灾,应准确判断着火面积。

大面积($>50 \text{ m}^2$)液体火灾则必须根据其相对密度、水溶性和燃烧面积大小,选择正确的灭火剂扑救。

比水轻又不溶于水的液体(如汽油、苯等),用直流水、雾状水灭火往往无效。可用普通蛋白泡沫或轻水泡沫扑灭。用干粉扑救时灭火效果

---

①韩世奇,王岳峰.危险化学品事故应急救援与处置[M].大连:大连理工大学出版社,2019.

要视燃烧面积大小和燃烧条件而定,最好用水冷却罐壁。

比水重又不溶于水的液体(如二硫化碳)起火时可用水扑救,水能覆盖在液面上灭火。用泡沫也有效。用干粉扑救,灭火效果要视燃烧面积大小和燃烧条件而定。最好用水冷却罐壁,降低燃烧强度。

具有水溶性的液体(如醇类、酮类等),虽然从理论上讲能用水稀释扑救,但用此法要使液体闪点消失,水必须在溶液中占很大的比例,这不仅需要大量的水,也容易使液体溢出流淌;而普通泡沫又会受到水溶性液体的破坏(如果普通泡沫强度加大,可以减弱火势)。因此,最好用抗溶性泡沫扑救,用干粉扑救时,灭火效果要视燃烧面积大小和燃烧条件而定,也需用水冷却罐壁,降低燃烧强度。

第四,扑救毒害性、腐蚀性或燃烧产物毒害性较强的易燃液体火灾,扑救人员必须佩戴防护面具,采取防护措施。对特殊物品的火灾,应使用专用防护服。考虑到过滤式防毒面具防毒范围的局限性,在扑救毒害品火灾时应尽量使用隔绝式空气面具。为了在火场上能正确使用和适应,平时应进行严格的适应性训练。

第五,扑救原油和重油等具有沸溢和喷溅危险的液体火灾,必须注意计算可能发生沸溢、喷溅的时间和观察是否有沸溢、喷溅的征兆。一旦现场指挥发现危险征兆时应迅即作出准确判断,及时下达撤退命令,避免造成人员伤亡和装备损失。扑救人员看到或听到统一撤退信号后,应立即撤至安全地带。

第六,遇易燃液体管道或贮罐泄漏着火,在切断蔓延方向并把火势限制在上定范围内的同时,对输送管道应设法找到并关闭进、出阀门,如果管道阀门已损坏或是贮罐泄漏,应迅速准备好堵漏材料,然后先用泡沫、干粉、二氧化碳或雾状水等扑灭地上的流淌火焰;为堵漏扫清障碍,其次再扑灭泄漏口的火焰,并迅速采取堵漏措施。与气体堵漏不同的是,液体一次堵漏失败,可连续堵几次,只要用泡沫覆盖地面,并堵住液体流淌和控制好周围着火源,不必点燃泄漏口的液体。

五、危险化学品中毒事故处置措施

(一)人身中毒的途径

在危险化学品的储存、运输、装卸、搬倒商品等操作过程中,毒物主要经呼吸道和皮肤进入人体,经消化道者较少。

1.呼吸道

整个呼吸道都能吸收毒物,尤以肺泡的吸收能量最大。肺泡的总面积达 55～120 m^2,而且肺泡壁很薄,表面为含碳酸的液体所湿润,又有丰富的微血管,所以毒物吸收后可直接进入大循环而不经肝脏解毒。

2.皮肤

在搬倒商品等操作过程中,毒物能通过皮肤吸收,毒物经皮肤吸收的数量和速度,除与其脂溶性、水溶性、浓度等有关处,皮肤温度升高,出汗增多,也能促使粘附于皮肤上的毒物易于吸收。

3.消化道

操作中,毒物经消化道进入人体内的机会较少,主要由于手被毒物污染未彻底清洗而取食物,或将食物、餐具放在车间内被污染,或误服等。

（二）急性中毒的现场急救处理

发生急性中毒事故,应立即将中毒者及时送医院急救。护送者要向院方提供引起中毒的原因、毒物名称等,如化学物不明,则需带该物料及呕吐物的样品,以供医院及时检测。

如不能立即到达医院时,可采取如下急性中毒的现场急救处理。

第一,吸入中毒者,应迅速脱离中毒现场,向上风向转移,至空气新鲜处。解开患者衣领和裤带,并注意保暖。

第二,化学毒物沾染皮肤时,应迅速脱去污染的衣服、鞋袜等,用大量流动清水冲洗 15～30 min。头面部受污染时,首先注意眼睛的冲洗。

第三,口服中毒者,如为非腐蚀性物质,应立即用催吐方法,使毒物吐出。可用自己的中指、食指刺激咽部、压舌根的方法催吐,也可由旁人用羽毛或筷子一端扎上棉花刺激咽部催吐。催吐会使食道、咽喉再次受到严重损伤,可服牛奶、蛋清等。有抽搐、呼吸困难、神志不清或吸气时有吼声者均不能催吐。

第四,对中毒引起呼吸、心跳停者,应进行心肺复苏术。

第五,参加救护者,必须做好个人防护,进入中毒现场必须戴防毒面具或供氧式防毒面具。如时间短,对于水溶性毒物,如常见的氯、氨、硫化氢等,可暂用浸湿的毛巾捂住口鼻等。在抢救病人的同时,应想方设法阻断毒物泄漏处,阻止蔓延扩散。

六、危险化学品烧伤事故处置措施

危险化学品具有易燃、易爆、腐蚀、有毒等特点,在生产、贮存、运输、使用过程中容易发生燃烧、爆炸等事故。化学刺激或腐蚀会造成皮肤、眼部烧伤;有的化学物质还可以从创面吸收甚至引起全身中毒。所以对化学烧伤比开水烫伤或火焰烧伤更要重视。

(一)化学性皮肤烧伤

化学性皮肤烧伤的现场处理方法是,立即移离现场,迅速脱去被化学物品沾污的衣裤、鞋袜等。

第一,无论是酸、碱还是其他化学物烧伤,都应立即用大量流动自来水或清水冲洗创面15~30 min。

第二,新鲜创面上不要任意涂上油膏或红药水,不用脏布包裹。

第三,黄磷烧伤时应用大量水冲洗、浸泡或用多层温布覆盖创面。

第四,烧伤病人应及时送医院。

第五,烧伤的同时,往往合并骨折、出血等外伤,在现场也应及时处理。

(二)化学性眼部烧伤

第一,迅速在现场用流动清水冲洗眼部,千万不要未经冲洗处理而急于送医院。

第二,冲洗时眼皮一定要掰开。

第三,如无冲洗设备,也可把头部埋入清洁盆水中,把眼皮掰开。眼球来回转动洗涤。

第四,电石、生石灰(氧化钙)颗粒溅入眼内,应先用蘸石蜡油或植物油的棉签去除颗粒后,再用水冲洗。

第五章 危险化学品生产与物流时的应急救援

第一节 生产过程中危险化学品的应急救援

一、扑救生产装置火灾的战术措施

化学品生产装置的建筑、设备和工艺的特点,决定了化学品生产装置火灾,具有发生火灾的概率高,燃烧速度快,极易蔓延造成大面积火灾,燃烧猛烈,辐射热值高,发生坍塌、毒性气体扩散和爆炸可能性大的特点。扑救化学品生产装置尤其是石化生产装置火灾,指挥员要贯彻救人第一和准确、迅速、集中兵力打歼灭战的指导思想,要正确运用"先控制,后消灭"的战术原则,把主要力量部署在火场的主要方面,并随时掌握火势变化情况,灵活运用灭火战术,积极抢救被困或遇险人员,保护和疏散物质,迅速控制灾情发展,尽快消除险情,努力减少灾害损失[①]。

(一)扑救生产装置火灾的基本对策

1.以快制快,速战速决

根据生产装置火灾燃烧速度快、火势蔓延快、爆炸危险性大、易突变等特点,必须与火灾的燃烧争时间、抢速度,尽力做到出动快、展开快、火场扑救时行动快。以快速的行动将火灾控制在初级阶段,及时消除火灾中可能形成的重大恶性险情,抑制火势的迅猛发展,抓住有利战机,快速围歼,迅速扑灭火灾。

1)快速出动

扑救生产装置火灾,消防部队必须在接警后,加强第一出动,按预先制定的灭火救援预案,在最短时间内将辖区内有效的灭火力量集中于火灾现场。

---

①李京祥.危险化学品应急救援与处置的实践探索[J].大科技,2019(16):227-228.

2）快速展开

消防部队到达火灾现场后，火场指挥员首先要做到火情侦察准、情况判断准，在明确火情的基础上，快速地将到场的消防力量用于火场的主要方面，实施快速的战斗展开和灭火战术措施，使用大型现代化消防装备以最快的战斗行动制止住火势的迅猛发展，掌握主动，为围歼火灾创造条件。

3）快速围歼

化工生产装置尤其石化生产装置，一般都是相互联系的，一旦发生火灾后，容易导致连锁反应。火情被控制后，火场的威胁和危险往往是塔、罐等化工设备的倒塌、爆炸，有毒气体的扩散、原料的大量泄漏而扩大火势等，这些险情在火场瞬息万变，火场指挥员要善于抓住有利战机，确定主攻方向，及时调整战斗部署，发挥现代化消防装备的威力，集中兵力对火点实施包围，力争快速扑灭火灾。

2.灭火与冷却并举

要从火场实际情况出发，该冷却的部位进行冷却，该灭火的部位进行灭火，冷却之中有灭火，灭火之中有冷却，二者不能截然分开。

1）对被火焰直接作用的压力设备的冷却

燃烧区内的压力设备受火焰的直接作用，发生爆炸的危险性最大。消防队到场后，应根据受火焰直接作用的压力设备的位置、高度、直径、形状以及危险程度，确定正确的冷却方法、水枪数量、水枪阵地，进行不间断地冷却。

2）对着火设备邻近受火势威胁的设备的冷却

与着火设备相邻的设备，虽没有受到火焰直接作用，但在热辐射、热对流的作用下，也有发生爆炸的危险，也需根据具体的情况实施充分的冷却。

3）对着火设备的冷却

设备泄漏，可燃物遇火焰爆炸燃烧后回火引起泄漏设备燃烧；设备故障，或操作失误引起超温超压爆炸起火。火场指挥员应迅速判断着火设备再次爆炸的可能性，在确保安全的情况下，对着火设备部署灭火和冷却力量，防止着火设备变形、爆炸。

4)消防设施灭火与工艺灭火并举

消防设施指移动式和固定式设备器材,如消防车、固定消防炮及蒸汽、水幕、汽幕等都要用于灭火。同时要采取工艺灭火措施,如关阀断料、开阀导流、搅拌灭火等。要确定主攻方向,有效实施灭火。

5)灭火与冷却过程中,保持供给

要保持消防水的供给;要保证灭火剂的供给;始终要注意侦察判断,"水无常势,火无常态",根据实际情况做出判断决策;始终和车间技术人员紧密协作。

6)灭火与自身防护并举

对于指挥员来说,在指挥灭火的同时应考虑避免参战指战员伤亡。有效地保护灭火力量(车和人员)是为了更好地灭火。例如,停靠消防车做到"四停六不停",火场一侧来停车,开阔地带来停车,环行窄路同方向停车,气体泄漏上风停车,路口桥头禁停车,地沟盖板禁停车,变压器处禁停车,管线框架下禁停车,松软地基禁停车,铁路线上禁停车。

3.围堵防流

在火场上,经常有大量可燃、易燃物料外泄,造成大面积流淌火,此外,灭火过程中产生大量的消防污水。消防人员应根据情况对流淌火和消防污水采取围堵防流措施。

对于地面液体流淌火,可以通过筑堤围堵、定向导流,并及时灭火,防止流淌火向周围装置区蔓延。

对于空间管道容器流淌火,因其易形成立体或大面积燃烧,燃烧猛烈,应关阀断料,切断物料来源,并对流经的管道进行灭火冷却。

对于地下沟流淌火,若是明沟,可用泥土筑堤;若是暗沟,可分段堵截,然后向暗沟喷射高倍数泡沫、冷气溶胶或采取封闭窒息等方法灭火。

对于产生的大量消防污水,可以通过筑堤围堵、定向导流收容,以防污染环境。

4.隐蔽接近,适时出击

进攻前必须了解爆炸物品的性质,选择进攻路线。

由精干消防员组成突击队。

选好进攻路线上的地形地物,掩护身体,或用湿毛毡、毛毯(或棉被)、草袋掩护身体,低姿前进,接近火点。

抓住爆炸间歇,迅速出击,迅速射水灭火。

5.火灾扑灭后,仍然要派人监护现场,消灭余火

对于可燃气体没有完全清除的火灾应在不同层面保留火种,直到介质完全烧尽。火灾单位应当保护现场,接受事故调查,协助公安部门调查火灾原因,核定火灾损失,查明火灾责任。

(二)工艺灭火对策

工艺灭火对策,即采取关阀断料、开阀导流、排料泄压、火炬放空、搅拌灭火、紧急停车等工艺措施。

1.关阀断料

利用生产的连续性,切断着火设备、反应器、贮罐之间的物料来源,中断燃料的持续供应,降低着火设备压力,为消灭火点创造条件。

2.开阀导流

所谓开阀导流就是关闭着火设备的进料阀打开出料阀,使着火设备内的物料,经安全水封装置或砾石阻火器导入安全贮罐或排至火炬放空,可以使着火设备内的残留物料大大减少,压力下降,为灭火创造了条件。

3.惰化窒息

当设备内高闪点物料着火后,可输入氮气置换或用二氧化碳降温。氮气和二氧化碳气体除可以迅速降温外,还有很强的惰化作用,可抑制爆炸、燃烧,最终将火焰窒息。

(三)扑救化学品火灾的安全措施

1.防爆炸的安全措施

(1)消防车要选择安全停车位置,车头朝向便于撤退的方向,车不要停在地沟上或架空管线下,利用地形、地物作掩护。

(2)所选择的进攻阵地,既要便于进攻,又能及时撤退,利用地形、地物掩护。

(3)确保不间断供水,对要爆炸的设备进行可靠的冷却。

(4)充分利用灭火机器人、无人驾驶消防车、消防坦克、遥控水炮等先进技术装备的优势,实现装备近距离作战,人员远距离操控,确保安全。

2.防高温的安全措施

(1)利用喷雾水降温,使环境温度降到消防战斗员可以承受的温度。

（2）利用地形、地物遮挡辐射热。

（3）穿着隔热服。

（4）利用水幕屏蔽，阻挡辐射热威胁。

3.防毒安全措施

（1）对于有毒区域应划出警戒区，警戒区的范围应不小于毒物扩散半径的两倍。

（2）利用工艺手段断绝毒源。

（3）参战人员必须佩戴隔绝式呼吸器等防护设备。

（4）针对毒物的性质选用灭火剂，吸收或降低毒性。

（5）战斗结束，进行清洗，消除余毒。

二、扑救油气井喷火灾的战术措施

由于油气井喷火灾具有地层压力大，燃烧火柱高；火焰温度高，辐射热很强；火焰形状多种多样；响声大、噪声强；毒性大；容易造成大面积火灾等特点，以及井场道路情况复杂，车辆进出困难和灭火用水量大，对灭火后勤保障要求高，因此，扑救油气井喷火灾应按照"快速反应、跨区增援、统一指挥、协同作战以及安全、迅速、科学处置"的基本原则，积极防止灾害事故扩大，最大限度地减少灾害损失，避免人员伤亡。

（一）扑救油气井火灾的基本程序

1.作业前的准备

组织抢险队伍，准备充足的水源和保证需要连续供水的能力。及时调运抢险物资、专用装备，当有条件时尽可能冷却保护井口。

2.清障

一般均采用带火清障，具体方式有切割（水力喷砂、氧乙炔）剪切、炮击、强拖。

3.灭火

目前扑灭油气井大火主要灭火方法如下。

1）冲击分隔，扑灭火焰

所谓冲击分隔，扑灭火焰，就是组织相当数量的水枪，从不同方向，射出密集水流，将燃烧的油气与未燃烧的油气分隔开来。同时，用强有力的水流冲击火焰，进而扑灭火灾。

当把井场障碍清除之后,油气流形成一股气柱从地下喷向空中。由于地层压力大,油气流速快,因而在油气喷出地面后,距井口的一段距离内来不及燃烧,使燃烧的火焰与未燃烧的油气柱形成明显的分界,这就是冲击分隔扑灭火焰的有利条件。

采取冲击分隔扑灭火焰时,一般使用口径不小于 19 mm 的直流水枪,视井喷压力和火势情况,可设 1~3 层交叉的水流,每层可设 1~7 支水枪,第一层水流交叉点集中在火焰下部未燃烧油气柱的中心。以上各层水流的垂直距离约为 1~2 m,水流的交叉点应射在火焰的中心。射水开始后,各层水枪要同时向上移动,迫使火焰也向上移动,到一定高度时,因油气流速度减小,强力的水流可将火焰与未燃烧的油气分隔开来。同时用水流冲击火焰,扑灭火灾。

在开始灭火之前,要用水流冷却井场地表和设备,降低温度防止复燃。

2)内注外喷,抑制燃烧

所谓内注外喷,抑制燃烧,实质是一种化学方法灭火。根据燃烧是一种游离基的链锁反应和破坏这种反应而能停止燃烧的原理,扑救井喷火灾,可采取内注外喷的方法,将灭火剂投入燃烧区,使燃烧停止。

内注,即利用套管旁通管线或油管、钻杆的鹅颈管,用高压设备将高效化学灭火剂,通过管线注入井内,随着油气流从井口喷出,抑制游离基的链锁反应,使火熄灭。

外喷,即为了加速灭火的速度,在内注的同时,利用干粉炮车,将大量干粉迅速喷向井口,覆盖包围火焰,终止油气的燃烧。

根据井喷的压力和火势情况,以及灭火力量情况,内注、外喷的灭火方法,可分别采用,也可联合使用。

在灭火之前,应用水流冷却井场周圈的设备和地表,把温度降低到油气的自燃点以下,防止复燃。

3)正压送风,强力灭火

目前,用涡喷消防车扑灭油气井的井喷火灾,是一种快速、高效、技术先进的灭火技术。海湾战争时期,匈牙利在科威特利用涡喷技术成功地扑灭了数百口高压井喷火灾。现在我国已成功地研发了该项技术,并已应用于实战。

4)钻救援井(斜井)灭火法

即用切断油气上升通道的办法达到灭火目的。油井火扑灭后,用专门灭火剂扑灭油井周围的地面火,最后再制伏井喷。

5)其他灭火法

如爆炸法、内防喷失控剪断钻具关井灭火法。

4.重新安装井口

安装方法是整体(分体)吊装、磨装、扣装。

5.压井

凡抢险中的压井都是潜在风险很大的作业,考虑不周或施工失误很可能造成新的险情。抢险井压井的主要特点如下。

(1)管串基本上已从井口附近断裂。

(2)压井井口新装上的部分虽没问题,但保留的原井口部分强度已大大下降。

(3)井下套管强度也已大大下降或本身就是因套管破裂造成的井喷失控。

(4)不能采用正常循环压井,只能采用整体推入或置换法压井,风险很大,很难一次成功。

(5)压井中很可能出现又喷又漏的局面,因此一般要多次压井,人力、物力消耗大。

在这五个灭火程序中,第一个程序(作业前的准备),因受自然条件和环境的限制,作业前的准备工作中要充分满足抢险用水,水的储备是最难的。第二个程序(清障),井喷着火后,井场所有设备都应清除,特别是井口上、下,周围各种设备的清除难度特别大,因井口大火四射,工作环境温度高、设备和人都很难承受,设备连接强度高,很难解体单件清除,因此这一阶段难度最大,时间最长,最容易发生人员伤亡。第五个程序(压井),压井具有潜在新的风险,参与的人员多、设备多,很难一次成功,特别是高压、大产量天然气井,又喷又漏或套管已坏的井难度更大。

(二)扑救油气井井喷火灾的战术措施

扑灭油气井火灾的作业,是一项指挥和参加抢险人员以专业技术人员和技术工人为主,专职消防人员为辅,在特殊环境下使用专用装备的高风险作业。

1.扑救井喷火灾的战前准备工作

油气井井喷火灾不同于一般的火灾,在扑救上比其他火灾都要复杂和困难。必须有充分的思想准备和物质准备;研究制定周密具体的作战方案,做到措施得当,战术合理,组织有序,指导思想明确。

(1)根据平时掌握的情况,本着集中优势兵力打歼灭战的指导思想,立即派出足够的力量迅速到达火场。当灾害事态特别严重,所在地消防支队在实施紧急救援时确认力量不足时,应立即报总队迅速跨地区调集主要力量赶赴现场。在人员使用上,尽量考虑经验丰富、技体能素质好、心理索质特别稳定的人员参战。装备配置上宜使用大功率重型水罐消防车、干粉车或泡沫消防车、照明车、通信车,抢险车、空呼车、油料车、后勤补给车、救护车等,参战特勤装备(不含随车器材)包括,手抬机动消防泵、可燃气体检测仪、有毒气体检测仪、避火服、隔热服、防化服、空气呼吸器、移动式空气呼吸器充填泵、带架水枪、屏风水枪、移动水炮、防爆手持对讲机、短波通信设备或架设中转设备、大口径高压胶里水带等。

(2)迅速报告油田生产总调度,调集一定数量的清障、安装井口、压井以及灭火的专用装备及器具。严冬季节还要调派锅炉车到场待命,以备用。

(3)到达现场后,在立即部置水枪冷却井架和钻机的同时,成立有石油局、公安局、消防队、生产总调度、钻井工程技术人员、当班和熟悉情况的岗位工人及有关方面领导参加的火场指挥部。统一组织水、电、物资供应以及救护和交通秩序。

(4)通信保障。由于油气井喷响声大,听不清语言,火场各参战的指挥员应采用无线联络,并准备色彩鲜明的信号旗和信号灯,供与其他参战人员联络之用。

(5)由于灭火时间长,有时长达几天,甚至几十天。因此,后勤部门要做好保障供给工作。备足各种灭火器材和灭火剂;为参战人员作好饮食、住宿、医疗等保障,必要时机械维修队亦应派人到场,随时抢修抓坏或发生故障的车辆设备。

(6)应指派专人做好火灾补救记录、拍照和录像,把火场的真实情况记录下来,以便积累资料,总结经验,不断提高扑救水平。

2.扑救井喷火灾的战术措施

指挥员要正确运用"先控制,后消灭"的战术原则,把主要力量部署在火场的主要方面,并随时掌握火势变化情况,采取冷却设备,扑灭外圈火焰,控制火势,掩护清场、压井作业的灭火战术。

1)第一施救阶段

(1)油气井只发生井喷并未燃烧。在石油部门确定了实施压井方案后,由石油工人或消防人员对放空管线实施点火泄压,以减小井口压力。在实施点火前,不能贸然对放喷管线点火,因为CH_4比空气轻,会在井场及其周围空间扩散;H_2S会在井台下及其四周低洼处集聚。在对放喷管线点火猛烈燃烧时,在火焰周围,会加速气体以致因"回火"而引燃井口喷出的气柱,使抢险陷于被动的局面。应布置直流或开花水枪,对井场进行冲洗,驱散、溶解由于井喷喷发出H_2S和CH_4气体,确保井场及其周围H_2S和CH_4的含量均低于其爆炸浓度下限的50%,且井场及其周围管线闸阀确实无泄漏的情况下,方可对放喷管线点火泄压。

点火的可使用信号枪,在距放喷点外较安全的地方向放喷气柱发射信号弹,使燃烧的信号弹点燃放喷气体;用"魔术棒"(烟花爆竹的一种),射出"魔术弹"点燃放喷的气体;用细、轻的长竹竿或金属杆,裹缠油棉纱点燃放喷气体;火焰喷射器点燃放喷气体。如果是在井控过程中,先在放喷管线出口附近放置火炉或油盘,再徐徐开启放喷管线闸阀点火。

点火应挑选身体及心理素质好,业务素质强的人员担任点火任务;承担点火任务的人员必须穿隔热服或避火服(因放喷气体被点燃的瞬间会发生爆燃,而后呈稳定燃烧,辐射热强,温度可达$1\,000 \sim 2\,000\,℃$),并佩戴空气呼吸器(佩戴前应仔细检查,确保呼吸器完好);应尽量利用土坎、土堆、土沟、岩石等地形地物保护自己,且宜用卧姿发射、点火;双耳用棉球堵塞,以保护听觉不受大的损伤;应从上风或侧风方向,且应从喷出气体的边缘点燃放喷气体(直接射向气柱,会因压力太大,不易点燃)。

(2)发生井喷、窜气、井口燃烧等险情。首要任务是抢救人命、掩护人员和设备撤退,待灾情稳定后再组织进攻。如发生井喷,要有打"持久战"的思想准备,需足够的消防力量,编成梯队,在确保充足的消防用水的前提下,轮流参战。一般须经历以下阶段:第一阶段是清理井场。当油气井喷发生火灾后,井架很快被烧塌,井口被烧毁,井场周围可燃物着火,火势迅速扩大蔓延。针对这种情况,消防队到达火场后,应迅速用水冷却井口装置防止破坏,冷却井场上设备和可燃物质,控制火势蔓延,协助抢险队伍清除井场障碍。清理井场的任务是艰巨复杂的。当井架倒塌之后压在井口上,造成气流分散燃烧,这既不利于灭火,又不利于安装新井口,制止井喷,因此必须尽快清理井场排除障碍,使井口充分地暴露出来,为灭火和制止井喷创造有利条件。一般采取"带火清障"的方法。即在不灭火的情况下,出数支水枪将火焰压向一侧,掩护、协助压井抢险队将烧塌的井架、设备分割开,逐件清除井场。

第二阶段是在作好充分灭火和换装新井口装置准备的情况下,实施灭火。一般可采取数支大口径直流水枪,射出的充实水柱从火焰根部切封,并一齐慢慢向上抬高切封(必要时,可采取双层切封)以掐灭火焰而灭火。这种办法较经济、见效快。此外,也可以根据现场情况,采取上述的其他方法灭火。

第三阶段是换装新井口装置。这一阶段也需在开花式喷雾水流的掩护下实施,严防打出火花,重新引燃气柱。

2)第二施救阶段

在石油部门开始实施压井或封井作业时,井口宜作为保护重点,采取以下防范措施:

①井口区域(根据实际情况界定)一定要实施无火花作业,杜绝一切强、弱电。②铺设好可靠的供水线路,将水供至分水器甚至水枪开关处,在井口附近布置水枪阵地,水枪选用喷雾水枪、屏风水枪、带架水枪和移动水炮,形成梯次阵地,相互掩护。③干粉车打开氮气瓶阀门,调整好压力。④现场消防人员应少而精,佩戴好空气呼吸器,着避火服或隔热服,利用现场的地形地物保护自己,且密切注视井口情况变化,一旦发现气体泄漏,立即射水驱散,防止爆炸、燃烧,以掩护压井抢险突击队采取补救措施或撤离。

3)第三施救阶段

压井作业进入稳定阶段,数台压裂车或高压泥浆泵在向井内压泥浆、重晶石过程中,由于压井必须经历全面检查、管汇试压、预憋压、关井(停止放喷)、压泥浆等程序,持续时间长,机器、设备很可能出现故障,或管线、闸阀被高压憋坏,甚至抬掉井口,高压气体喷泄,冲出的沙、石、钻具撞击井架打出火花,或油、气遇明火、电火花、雷击、静电放电、抢险中金属工具撞出的火花等,都会造成爆炸、燃烧,不仅导致压井失败,而且会造成人员伤亡。应采取以下措施。

(1)在井口与压裂车、柴油发电机组之间布置开花水枪阵地,亦随时准备出水,一旦井口或井台周围管线、闸阀被憋坏、气体泄漏,即在压裂车、柴油发电机组之间出水,形成水幕,阻止CH_4和H_2S气体遇压裂车、柴油发电机排气管的高温、火星而发生爆炸、燃烧。

(2)挑选精干、训练有素的消防人员或石油工人,准备好干粉灭火器,若机器设备或其他部位故障起火,立即近战灭火。

4)第四施救阶段

压井成功后,不要立即撤出消防力量,应密切配合石油工人对井场实施严密的监护,一出现异常情况,立即出水掩护石油工人处置。尤其是放喷管线仍应保持完好。在无绝对把握的情况下,宁可重新铺设放空管线,做到有备无患。且放喷管线的闸阀宜换成耐压的闸阀,以便在出现反复的情况下,使用压裂车重新压井。

5)供水要求

供水战斗车都应选用性能良好的大功率消防车,以满足长时间工作,不中断供水的要求;尽量用大口径、核对高压水带(且准备包布、包夹),以减少水头损失;筑堤或开挖沟渠引水(且用钢丝网阻拦入水口,并准备细网箩筐,防止泥沙将车泵损坏),以抬高水位,增加蓄水量,保障供水需要。

6)注意事项

施救中,人员不要接近高压、高温管线,不要盲目对其出水;在不同地点设CH_4、H_2S检测点,适时进行检测,一旦浓度达到其爆炸浓度下限的50%时,要及时报告指挥部;所有参战人员必须服从命令,听从指挥,明确警戒时间、地点及范围;参战人员防护措施:进入重危区人员实施二级防护(全棉防静电内外衣、头罩、手套、袜子,空气呼吸器或全防型滤毒罐),并采取水枪掩护,凡在现场参与处置人员,最低防护不得低于三级(战斗服、无钉鞋、简易滤毒罐、面罩或口罩、毛巾等防护器材);对本队进出人员、车辆,进行安全检查,并逐一登记;必须采取防爆措施,确保安全,车辆必须按现场规定要求停放并带防火罩,禁止将打火机等火种以及手机、电台等非防爆电器带进警戒区;施救力量应从上风方向进入事故现场,在安全地带集结,调整好车辆方向。兵力一定要少而精,严格检查个人防护装备,明确出现险情时的撤离路线和联络方式。采用雾状射流形成水幕墙,防止泄漏物向重要目标或危险源扩散;现场指挥员遇有严重险情需紧急撤离时,可视火情不收器材、不开车辆,保证人员快速撤离,并在预定的集合点清点人数;参战人员应熟悉抢险现场制定的警报信号;应有打持久战的心理准备,及时调整力量,定时轮换休息。

三、相关公司危险品生产过程中事故的应急救援

(一)车间现场处置方案

1.事故风险描述

根据风险辨识、事故风险评估结果,车间主要的事故风险为:火灾爆炸、中毒和窒息、危险化学品泄漏事故、机械伤害、触电、灼烫。综合考虑上述事故风险的类型、事故发生的可能性、危害后果和影响范围等因素。

2.应急工作职责

应急工作职责如表5-1所示。

表5-1 应急工作职责

组别	应急职责
各部门负责人	1.组织、指挥本部门事故征兆或初期阶段的处置; 2.及时向公司应急领导小组汇报事故及救援情况; 3.下令停止无法保证安全的救援活动; 4.根据现场情况,安排现场人员、其他受威胁人群撤离危险区域; 5.在公司应急领导小组的指挥下参与抢险; 6.安排专人收集现场信息,报公司应急领导小组
工艺、设备等技术部门	1.在职责范围内安排专人指导各部门现场应急处置; 2.协助开展设备设施或工艺上必要的处置工作
现场管理者	1.现场管理者是指各基层团队主管; 2.第一时间组织现场人员开展事故应急救援工作; 3.现场无法控制事态时,向公司应急领导小组报告,请求响应升级; 4.下令停止无法保证安全的救援活动; 5.根据现场情况,安排现场人员、其他受威胁人群撤离危险区域; 6.安排撤离前的必要措施,例如,关闭门窗、阀门、设备等
现场员工	1.事故现场征兆阶段及事故初期报告周边人员及现场管理者,寻求帮助; 2.情况紧急时,视情况报告至部门负责人和值班室; 3.现场控制事故事态; 4.如具备急救技能,对现场受伤人员进行紧急救治; 5.在现场主管的指挥下,参与现场应急处置

3.应急处置

1)现场应急处置程序

当发现事故征兆或者发现事故发生时,现场人员立即报告现场管理者或部门负责人,现场管理者或部门负责人报告应急领导小组。所有现场人员立即执行现场处置方案。

当情况紧急时或者无法联络现场管理者/部门负责人时,也可直接报告应急领导小组。

2)车间火灾事故现场处置方案

车间火灾事故现场处置方案如表5-2所示。

表5-2 车间火灾事故现场处置方案

A.潜在事故风险信息			
事故类型	火灾	适用区域	生产车间反应釜、接收罐、危险化学品暂存区及打料区
最大影响范围	公司范围内	最高响应级别	□现场团队级□公司级□社会级

B.事故征兆及处置措施	
事故征兆	职工违规在生产厂区吸烟,违规在禁火区域动火作业,电气设备、线路短路,可燃气体报警装置报警
处置措施	现场人员佩带好防毒面罩前往着火部位附近确认状况。如有必要,切断无关的电源,隔离燃烧部位,使用灭火器材灭火,以防止火灾发生

C.事故应急处置措施			
序号	步骤	执行人	详解
1	发出火灾报警或事故警报	发现者	报告周边人员及现场管理者:大声呼喊"着火了,快来帮忙",向周边人员发出报警信息,获取支援;亲自或指定专人报告现场管理者。通知受威胁人群:立即通知着火部位附近的人员撤离
2	赶赴现场	现场管理者	指挥灭火救援:接到报告后立即赶赴事发现场,根据现场情况,调配人员处置;如储槽或危化品桶着火,直接用灭火器对着火点进行灭火,通知附近其他人员提(推)灭火器前来救援,同时对其他未着火的储罐进行氮气防护或用水降温隔离防护,防止火势扩大;如反应釜着火可开启氮气阀门通过窒息法进行灭火,打开排空阀避免超压;危险化学品管道发生火灾,应立即停止使用危险化学品,关闭供料阀门,并使用蒸汽、干粉灭火器对着火点进行扑救,如条件允许还可通入大量氮气灭火;扑灭后确定无复燃迹象,检测周边空气正常后清理现场污染物,解除警戒后恢复生产。报告部门负责人:立即指定专人报告部门负责人;可通过电话、当面报告等方式

序号	步骤	执行人	详解
3	第一时间处置	现场人员	组织人员灭火:火势较小时,佩带好防毒口罩用现场灭火器灭火;火势较大时,立即接通室外消防栓或室内消防栓,用消火栓灭火(灭火时,与其保持5m距离);保护未着火区域安全。 切断无关的电源;切断着火部位的电源
4	响应升级	现场管理者	响应升级条件(满足下列任一条件):现场处置人员判断无法有效控制火势;现场处置人员的安全受到威胁;受威胁区域人员未能及时疏散,受到火势威胁 响应升级措施:立即向应急办公室报告,请求响应升级,并报告应急领导小组,请求响应升级,并说明火灾位置、着火物料及发展态势等;组织现场人员撤离,确认火灾区域所有人员均已疏散,所有人员到紧急集合点集合;后续具体措施见《火灾爆炸事故专项应急预案》

3)车间中毒和窒息事故现场处置方案

车间中毒和窒息事故现场处置方案如下表5-3所示。

表5-3 车间中毒和窒息事故现场处置方案

A.潜在事故风险信息			
事故类型	中毒和窒息	适用区域	反应釜等易造成有毒有害、易燃易爆物质积聚或者含氧量不足的空间
最大影响范围	基层单位	最高响应级别	□现场团队级□公司级□社会级
B.事故征兆及处置措施			
事故征兆	作业前未进行有毒检测、置换、通风、有毒气体报警器报警、个人防护用品穿戴不全、未设置监护或实施全程监护、未与生产系统可靠隔绝、安全防护措施落实不到位、未使用安全灯具		
处置措施	现场人员立即确认状况,使用有毒气体检测报警器检测合格后,设法帮助内部人员迅速脱离现场,对伤者进行急救。必要情况下,可停下全部电源、生产设备,采取强制通风		
C.事故应急处置措施			
序号	步骤	执行人	详解
1	发出事故警报	发现者	报告周边人员及现场管理者:立即向在场其他人员发出警报,告知中毒窒息事故信息,请求支援;亲自或指定专人报告现场管理者。 通知受威胁人群:立即告知发生中毒窒息事件部位附近的人员撤离

2	赶赴现场	现场管理者	赶赴现场指挥救援:接到报告后立即调派人员支援,并赶赴事发现场应急指挥。 报告部门负责人:立即指定专人报告部门负责人;可通过电话、当面报告等方式
3	第一时间处置	现场人员	组织人员处置:救护人员判明事故类型、分析现场危险后,方可进入现场救援伤者;若在受限空间内作业发生触电,确定已全部停电后,进入现场将伤者救出;若发生中毒窒息,首先切断毒气源,开启强制通风,佩带空气呼吸器、过滤式防毒面具进入现场将伤者救出。 受伤人员救治:组织将中毒人员搬离危险地点,放到空气流通的地方,保持呼吸道通畅;脱去污染的衣着,迅速用清水冲洗皮肤;抬运伤者时,多人平托缓缓用力,运送时用木板或硬材料,不能用软质担架;若呼吸及心脏停止,立即进行人工呼吸和心肺复苏并送往医院救治。 拨打120求助:需专业救护人员救援时,立即拨打120,通过管理部门与门卫做好对接,引导医护人员到现场

4)车间危险化学品泄漏事故现场处置方案

车间危险化学品泄漏事故现场处置方案如表5-4所示。

表5-4 车间危险化学品泄漏事故现场处置方案

A.潜在事故风险信息			
事故类型	危险化学品泄漏	适用区域	危险化学品使用、存储的管线、反应釜以及危险化学品中转存放区
最大影响范围	公司范围内	最高响应级别	□现场团队级□公司级□社会级
B.事故征兆及处置措施			
事故征兆	反应釜安全阀起跳,压力表超限位指示;可燃气体泄漏报警装置发出报警;管道周边有大量气体冒出		
处置措施	现场人员佩带好防毒面具前往泄漏部位附近确认状况。如有必要,切断无关的电源,现场如有动火作业立即叫停		

C.事故应急处置措施			
序号	步骤	执行人	详解
1	发出事故警报	发现者	报告周边人员及现场管理者:立即向在场其他人员发出警报,告知危险化学品泄漏事故信息,请求支援;亲自或指定专人报告现场管理者。 通知受威胁人群:立即通知危险化学品泄漏部位附近的人员撤离
2	赶赴现场	现场管理者	指挥现场救援:接到报告后立即赶赴事发现场,根据现场情况,调配人员处置。 报告部门负责人:立即指定专人报告部门负责人;可通过电话、当面报告等方式

3	第一时间处置	现场人员	组织人员救援:切断泄漏源;通风,如在室内发生泄漏,应将现场的门窗打开,同时检查防爆机械通风机是否打开,使空气流通及加强泄漏区的强制排风以减少有毒气体在空气中浓度;小量泄漏时用砂土或其他不燃材料覆盖或吸收;大量泄漏时使用沙土构筑围堤,设置警戒地带,隔离现场;保护未泄漏区域安全。切断无关的电源:切断无关部位的电源以防止聚集的蒸汽因静电火花引起爆炸
4	响应升级	现场管理者	响应升级条件(满足下列任一条件):现场处置人员判断无法有效控制泄漏趋势;现场处置人员的安全受到威胁;受威胁区域人员未能及时疏散,受到泄漏的危险化学品威胁。响应升级措施:立即向应急办公室报告,请求响应升级,并报告应急领导小组,请求响应升级,并说明泄漏位置、泄漏物料及发展态势等;组织现场人员撤离,确认泄漏区域所有人员均已疏散,所有人员到紧急集合点集合;后续具体措施见《危险化学品泄漏事故专项应急预案》

5)车间机械伤害事故现场处置方案

车间机械伤害事故现场处置方案如表5-5所示。

表5-5 车间机械伤害事故现场处置方案

A.潜在事故风险信息			
事故类型	机械伤害	适用区域	生产场所、检维修区域
最大影响范围	基层单位	最高响应级别	□现场团队级□公司级□社会级
B.事故征兆及处置措施			
事故征兆	生产过程、检维修时误操作、违章操作,操作人员思想不集中,设备安全防护不全、缺少,擅自违章拆解、改造机械设备,违章进入机械运行危险区域且未与之保持安全距离,人员不具备操作技能擅自操作机械设备		
处置措施	现场人员立即关闭设备,将受伤人员脱离危险区域,根据现场实际情况对受伤者进行现场急救		
C.事故应急处置措施			
序号	步骤	执行人	详解
1	发出事故警报	发现者	报告周边人员及现场管理者:立即向在场其他人员发出警报,告知机械伤害事故信息,请求支援;亲自或指定专人报告现场管理者。通知受威胁人群:立即通知发生机械伤害事故部位附近的人员撤离

序号	步骤	执行人	详解
2	赶赴现场	现场管理者	赶赴现场指挥救援:接到报告后立即调派人员支援,并赶赴事发现场应急指挥。 报告部门负责人:立即指定专人报告部门负责人;可通过电话、当面报告等方式
3	第一时间处置	现场人员	关停运转设备或断开电源:立即关停造成机械伤害事故的设备设施或断开电源;若开关位置较远或不知道其开关位置,应用现场工具使其紧急停止。 救护伤员:将伤者脱离危险区域后立即对其进行评估,确认其受伤状况;对于较浅的伤口,可用干净衣物或纱布包扎止血,动脉创伤出血时应在出血位置的上方动脉搏动处用手压迫或用布带在伤口近心端绑扎;较深创伤大出血,在现场做好应急止血加压包扎后,应立即准备救护车送往医院进行救治,在止血的同时还应密切注视伤员的生态、脉搏、呼吸等体征;怀疑或确认有骨折的人员应询问其自我感觉情况及疼痛部位,对于昏迷者要注意观察其体位有无改变,切勿随意搬动伤员,应先在骨折部位用木条或竹板于骨折位置的上下关节处做临时固定;报告公司应急领导小组,派人跟随救护车前往医院配合救治。 拨打120求助:需专业救护人员救护时,立即拨打120,通过管理部门与门卫做好对接,引导医护人员到现场

6)车间触电事故现场处置方案

车间触电事故现场处置方案如表5-6所示。

表5-6 车间触电事故现场处置方案

A.潜在事故风险信息			
事故类型	触电	适用区域	所有用电器、变配电设施、线路
最大影响范围	基层单位	最高响应级别	□现场团队级□公司级□社会级
B.事故征兆及处置措施			
事故征兆	操作人员操作漏电设备、违章用电、电气设备带病运行		
处置措施	现场人员立即拉闸断电,尽可能地立即切断总电源(关闭电路),或用现场得到的干燥木棒或绳子等非导电体移开电线或电器		
C.事故应急处置措施			
序号	步骤	执行人	详解
1	发出事故警报	发现者	报告周边人员及现场管理者:立即向在场其他人员发出警报,告知触电事故信息,请求支援;亲自或指定专人报告现场管理者。 通知受威胁人群:立即通知发生触电事件部位附近的人员撤离

续表

2	赶赴现场	现场管理者	赶赴现场指挥救援:接到报告后立即调派人员支援,并赶赴事发现场应急指挥
3	第一时间处置	现场人员	切断或使触电者脱离带电体:立即关闭造成触电事故的线路、用电器、供电设施最近的上一级开关;若开关位置较远或不知道上级开关位置,应用绝缘物体辅助触电者与带电体脱离;若未能切断且无法使触电者脱离电器,立即通知生产部门协助断电。 救护伤员:立即对伤员进行评估,电灼伤部位进行简单干燥包扎,并确认其心肺功能状况;若触电者心肺功能正常,密切观察触电人员的状况,有必要时送医治疗;若触电者心肺功能异常,应立即提供心肺复苏术急救;报告公司应急领导小组,派人跟随救护车前往医院配合救治。 拨打120求助:需专业救护人员救援时,立即拨打120,通过管理部门与门卫做好对接,引导医护人员到现场

7)车间灼烫事故现场处置方案

车间灼烫事故现场处置方案如表5-7所示。

表5-7 车间灼烫事故现场处置方案

A.潜在事故风险信息			
事故类型	灼烫	适用区域	蒸汽及高温物料输送管道,危险化学品暂存区及使用场所
最大影响范围	基层单位	最高响应级别	□现场团队级□公司级□社会级
B.事故征兆及处置措施			
事故征兆	员工接触有灼烫性设备或管道物品未按规定做好个体防护,蒸汽及高温物料管道或阀门发生泄漏,使用酸、碱未按规定穿戴好劳保用品		
处置措施	现场人员佩戴好相关防护用品将泄漏部位关闭或隔离,将烫伤人员搬离事故区域,根据烫伤的部位进行先期局部降温处理		
C.事故应急处置措施			
序号	步骤	执行人	详解
1	发出事故警报	发现者	报告周边人员及现场管理者:立即向在场其他人员发出警报,告知灼烫事故信息,请求支援;亲自或指定专人报告现场管理者。 通知受威胁人群:立即通知发生烫伤事件部位附近的人员撤离
2	赶赴现场	现场管理者	赶赴现场指挥救援:接到报告后立即调派人员支援,并赶赴事发现场应急指挥

3	第一时间处置	现场人员	切断或使烫伤者脱离热源或危险化学品:采用各种有效的措施使伤员尽快脱离热源,尽量缩短烧伤时间;伤员和施救人员离场后,应对现场进行隔离,设置警示标识,并设专人把守现场,严禁任何无关人员擅自进入隔离区。 救护伤员:仔细检查全身情况,保持伤口清洁;伤员的衣服鞋袜用剪刀剪开后除去,伤口全部用清洁布片覆盖,防止污染;四肢烧伤时,先用清洁冷水冲洗,然后用清洁布片、消毒纱布覆盖并送往医院;凉水冲洗烫伤部位,进行局部降温处理,如不能迅速接近水源,也可以用冰块、冰棍冷敷;报告公司应急领导小组,派人跟随救护车前往医院配合救治。 拨打120求助:需专业救护人员救援时,立即拨打120,通过管理部门与门卫做好对接,引导医护人员到现场

8)车间DCS控制室事故现场处置方案

车间DCS控制室事故现场处置方案如表5-8所示。

表5-8 车间DCS控制室事故现场处置方案

A.潜在事故风险信息			
事故类型	其他伤害	适用区域	公司DCS控制柜、控制主机及相关通讯信号元件
最大影响范围	基层单位	最高响应级别	□现场团队级□公司级□社会级
B.事故征兆及处置措施			
事故征兆	操作系统间歇性失灵、通讯信号传输波动较大、仪表线路气压不足等		
处置措施	DCS操作人员依据操作规程进行系统调试,联系现场操作人员进行应急操作,通知仪表管理人员前来处理		

C.事故应急处置措施			
序号	步骤	执行人	详解
1	发出事故警报	发现者	报告周边人员及现场管理者:立即向在场其他人员发出警报,告知DCS控制室相关事故信息,请求支援;亲自或指定专人报告现场管理者。 通知现场作业人员:将事故或故障信息及时告知现场作业人员,检查现场装置运行情况、各阀门开闭情况,做好现场应急操作
2	赶赴现场	现场管理者	赶赴现场指挥救援:接到报告后立即调派人员支援,并赶赴事发现场应急指挥

3	第一时间处置	现场人员	通讯故障应急处置措施:DCS操作人员立即与现场巡检人员联络,对现场装置运行情况、各阀门开闭情况进行检查,做好现场的应急操作;及时向班长、车间主任、自动化技术员、公司领导汇报。自动化技术人员在接到通知后30分钟之内赶到现场处理故障。 某个工段都无数据时:发生如上故障时,中控操作人员应及时向班长、车间主任、自动化技术员、公司领导汇报。同时协同仪表维修人员查看冗余的控制器是否正常运行,如果主控制器故障,而从控制器未正常切换,则应立即汇报相关领导并通知车间做好紧急停车的准备,同时人为重启控制器,若启动失败等待停车命令。 系统失电应急处置措施:立刻将情况汇报设备部,由于全系统失电,工艺人员应立即启动紧急停车方案,联系设备部尽快恢复控制室供电,重新启动DCS系统。 仪表停气应急处理:立刻通知设备部(夜间应通知值班领导),现场阀门气闭式将会打开,气开式将关闭;生产操作人员应及时到现场观察阀门状态,根据生产需求,手动将阀门打到生产要求状态;若阀芯卡死或脱落应找维修人员配合维修。 仪表自控柜着火:先切断电源,并立刻通知相关领导,使用二氧化碳灭火器灭火

4.注意事项

1)个人防护器具方面的注意问题

首先检查防护器是否完好,发现不合格及时调换;严禁个人未经应急指挥部同意随意采取救援行动。

2)应急装备使用注意事项

首先检查抢险救援器材是否完好且能正常使用,发现不合格及时调换;应急救援过程中发现应急救援装备、器材出现损坏且不能正常使用的应及时退出救援现场并更换合格的应急救援装备、器材。

3)应急处理时必须具备的人员

应急处理时必须具备有一定数量的具有急救经验的人员参加救助。

4)应急救援现场安全管理

应急救援人员赶到现场后首先要对事故现场进行初始评估,从应急范围和扩展的可能性、人员伤亡、财产损失以及是否需要持续援助等方面确定应急行动方案。设置专人负责现场工作区域管理,便于应急行动和有效控制设备进出。

5)其他注意事项

其他注意事项包括:①火灾扑灭后,应通知综合部门组织检查确认可能受到火势影响的区域,确认安全后方可恢复生产。②使用消防水时注意避免喷向带电的设备及电气线路,以免电气事故。③进入现场前一定要切断受限空间现场的事故源,如有毒气源、电源、物料源。④若事故发生在夜间应迅速解决临时照明,以利于救人,并避免事故扩大。⑤进入事故现场及可能中毒区域必须佩戴好空气呼吸器,其他附近区域根据情况佩戴好过滤式防毒面具。⑥采取通风换气措施时,严禁用纯氧进行通风换气,以防止氧气中毒。⑦怀疑有脊椎骨折的伤员搬运时应用夹板或硬纸垫在伤员的身下,以免受伤的脊椎移位、断裂。⑧救护人员在进行机械伤害人员救治时,必须进行伤员伤情的初步判断,不可直接进行救护,以免由于救护人的不当施救造成伤员的伤情恶化。⑨机械伤害人员受伤可能在高处时存在高处坠落的危险,救护人员登高时应随身携带必要的安全带和牢固的绳索等。⑩急救必须分秒必争,坚持不断地进行,同时及早与医院联系,在医务人员未接替救治前,不能放弃现场抢救;在确定各项应急救援工作结束时,由总指挥宣布应急救援工作结束,撤除所有伤员、救护人员,清点人员后,留有专人组织巡视事故现场遗留隐患问题,恢复生产。

(二)淹溺事故现场处置方案

1.事故风险描述

根据风险辨识、事故风险评估结果,事故水池、循环水池、消防水池、污水处理现场、沉淀池、储水池等主要的事故风险为淹溺事故。综合考虑上述事故风险的类型、事故发生的可能性、危害后果和影响范围等因素,事故水池、循环水池、消防水池事故风险汇等。

2.应急工作职责

淹溺事故应急工作职责如表5-9所示。

表5-9 淹溺事故应急工作职责

组别	应急职责
各部门负责人	1.组织、指挥本部门事故征兆或初期阶段的处置； 2.及时向公司应急领导小组汇报事故及救援情况； 3.下令停止无法保证安全的救援活动； 4.根据现场情况,安排现场人员、其他受威胁人群撤离危险区域； 5.在公司应急领导小组的指挥下参与抢险； 6.安排专人收集现场信息,报公司应急领导小组
工艺、设备等技术部门	1.在职责范围内安排专人指导各部门现场应急处置； 2.协助开展设备设施或工艺上必要的处置工作
现场管理者	1.现场管理者是指各基层团队主管； 2.第一时间组织现场人员开展事故应急救援工作； 3.现场无法控制事态时,向公司应急领导小组报告,请求响应升级； 4.下令停止无法保证安全的救援活动； 5.根据现场情况,安排现场人员、其他受威胁人群撤离危险区域； 6.安排撤离前的必要措施,例如关闭门窗、阀门、设备等
现场员工	1.事故现场征兆阶段及事故初期报告周边人员及现场管理者,寻求帮助； 2.情况紧急时,视情况报告至部门负责人和值班室； 3.现场控制事故事态； 4.如具备急救技能,对现场受伤人员进行紧急救治； 5.在现场主管的指挥下,参与现场应急处置

3.应急处置

1)现场应急处置程序

当发现事故征兆或者发现事故发生时,现场人员立即报告现场管理者或部门负责人,现场管理者或部门负责人报告应急领导小组。所有现场人员立即执行现场处置方案。

当情况紧急时或者无法联络现场管理者或部门负责人时,也可直接报告应急领导小组。

2)淹溺事故现场处置方案

淹溺事故现场处置方案如表5-10所示。

表5-10 淹溺事故现场处置方案

A.潜在事故风险信息			
事故类型	淹溺	适用区域	事故水池、循环水池、消防水池、污水处理现场、沉淀池、储水池
最大影响范围	基层单位	最高响应级别	□现场团队级□公司级□社会级

续表

B.事故征兆及处置措施	
事故征兆	安全设施存在缺陷,如防护围栏缺失;作业人员安全意识不强,操作不精心;作业环境恶劣,如地面打滑等
处置措施	现场人员会水者及救护人员发现溺水者,立即进行施救工作。现场人员不会水时,立即用绳索、竹竿、木板或救生圈等使溺水者握住后拖上岸

C.事故应急处置措施			
序号	步骤	执行人	详解
1	发出事故警报	发现者	报告周边人员及现场管理者:大声呼喊"有人溺水了,快来帮忙",向周边人员发出报警信息,获取支援;亲自或指定专人报告现场管理者。通知受威胁人群:立即通知发生溺水部位附近的人员撤离
2	赶赴现场	现场管理者	指挥现场救援:接到报告后立即赶赴事发现场,根据现场情况,调配人员处置。报告部门负责人:立即指定专人报告部门负责人;可通过电话、当面报告等方式
3	第一时间处置	现场人员	组织人员救援:现场人员会水者及救护人员发现溺水者,立即进行施救工作;现场人员不会水时,立即用绳索、竹竿、木板或救生圈等使溺水者握住后拖上岸。人员救治:溺水者被抢救上岸后,立即清除口鼻的泥沙、呕吐物,松解衣领、纽扣、腰带并注意保暖,必要时将舌头用毛巾、纱布包裹拉出,保持呼吸道畅通;对溺水者进行控水,使胃内积水倒出;有呼吸(有脉搏)使溺水者处于侧卧位,保持呼吸道畅通;无呼吸(有脉搏)使溺水者处于仰卧位,扶住头部和下颚,头部向后微仰保证呼吸道畅通,进行人工呼吸;无呼吸(无脉搏)使溺水者处于仰卧,食指位于胸骨下切迹,掌根紧靠食指旁,两掌重叠,按压深度4～5cm,每15s吹气2次,按压15次。拨打120求助:需专业救护人员救援时,立即拨打120,通过管理部门与门卫做好对接,引导医护人员到现场

4.注意事项

1)个人防护器具方面的注意问题

首先检查防护器是否完好,发现不合格及时调换;严禁个人未经应急指挥部同意随意采取救援行动。

2)应急装备使用注意事项

首先检查抢险救援器材是否完好且能正常使用,发现不合格及时调换;应急救援过程中发现应急救援装备、器材出现损坏且不能正常使用的应及时退出救援现场并更换合格的应急救援装备、器材。

3）应急处理时必须具备的人员

应急处理时必须具备有一定数量的具有急救经验的人员参加救助。

4）应急救援现场安全管理

应急救援人员赶到现场后首先要对事故现场进行初始评估，从应急范围和扩展的可能性、人员伤亡、财产损失以及是否需要持续援助等方面确定应急行动方案。设置专人负责现场工作区域管理，便于应急行动和有效控制设备进出。

5）其他注意事项

发生淹溺事故后，对受伤人员立即进行控水（倒水），使呼吸道积水倒出；在送往医院的途中对溺水者进行人工呼吸，心脏按压也不能停止，判断好转或死亡才能停止。

（三）危化品库现场处置方案

危化品库现场处置方案如表5-11所示。

表5-11 危化品库现场处置方案

岗位名称	危化品库	
事故风险分析	事故类型：火灾爆炸、中毒和窒息、泄漏。 事故发生的区域、地点或装置的名称：危化品库。 事故发生的可能时间、事故的危害严重程度及其影响范围：主要发生在库房，主要影响范围为全公司，火灾事故危害程度较大。 事故前可能出现的征兆：浓烟或明火；液体流出；设备损坏。 事故可能引发的次生、衍生事故：人生伤亡事故	
应急工作职责	事故发现第一人：第一时间将事故信息报告仓库负责人；在确保自身和他人安全的情况下，采取措施控制事态发展。 仓库负责人：立即成为现场指挥员，启动应急响应程序；立即拨打公司电话汇报，必要时报警；向公司负责人、应急指挥部报告；组织本仓库应急响应人员进行应急处理	
应急处置措施	事故报告	事故发现人立即向部门领导报告，部门领导接报警后初步判断事故可能发展的趋势，再向应急总指挥报告，并通知应急救援小组，必要时向化工集中区安全生产应急响应中心报警；事故需报告的内容有：事发时间、地点、事故状态、人员受伤情况等

岗位名称	危化品库	
现场处置	火灾爆炸处置:①立刻使用手提式灭火器进行初期火灾的控制,同时进行呼救(发现人员)。②立刻将现场情况通过汇报仓库负责人,并协助扑灭火灾(相邻岗位人员)。③组织人员穿好防护服,用干粉灭火器和消防水进行灭火,通知无关人员及时撤离(仓库负责人)。④将现场处置情况汇报公司(仓库负责人)。⑤火灾扑灭后,要对现场进行保护,防止火灾复燃(仓库负责人)。⑥保护现场,人员进行清点(仓库负责人)。⑦根据现场处置情况决定是否需要公司层面的支援(仓库负责人)。 中毒窒息处置:①仓库人员1立即组织人员疏散,划定警戒区域。②仓库人员2负责将受伤人员转移至安全处。③仓库负责人组织现场与抢险无关人员疏散。④仓库负责人将中毒者转移至新鲜空气处,判断中毒者情况,若中毒严重,则需要立即送医院治疗。 泄漏处置:①立刻将现场情况汇报车间负责人,并协助堵漏(员工)。②接到通知后,立即通知公司,并组织班组人员做好初期堵漏工作(车间负责人)。③作为现场总指挥,立即组织应急处理人员收集泄漏化学品;合理通风,加速扩散	
人员疏散	警戒疏散组立即组织现场无关人员疏散至安全区,并设置警戒标志或隔离带	
人员救护	迅速将烧伤、物体打击伤害人员转移至车间外安全地带,并采取如下措施:对烧伤者:轻度烧伤时要保护好皮肤,切不可用毛巾擦拭,防弄破感染,同时用烫伤膏擦拭;对大面积烧伤及已休克者,要防其舌头收缩堵塞咽喉造成窒息,一旦出现这种情况,在场人员应将伤者嘴撬开,将舌头拉出,保证呼吸畅通;对心跳停止者,立即进行人工呼吸和胸外心脏按压术,并边抢救边送医院救治。 对伤重者,应立即与江北人民医院取得联系,并详细说明事故地点、严重程度、本公司的联系电话,并派人到路口接应	
扩大应急	若事故不断扩大,部门领导应立即向应急总指挥报告,并请求启动公司综合应急预案和向化工集中区安全生产应急响应中心报告,请求援助。应启动专项应急预案或综合应急预案,双报备,同时告知物业	
消防、医疗救助	必要时,拨打120急救、119报警电话,并打开消防通道,接应消防、医疗救护等车辆及外部应急增援力量到来	
现场恢复	事故处理结束后,清扫现场,经上级同意后恢复生产	
注意事项	佩戴个人防护器具方面,应急救援人员应做好自身防护措施,不得盲目施救,如化学品泄漏,要戴好防酸碱手套穿防酸碱鞋等;使用抢险救援器材方面,要根据现场的物质特性选择恰当的应急工具,发生乙醇、乙醚等火情,使用CO_2灭火器灭火;采取救援对策或措施方面,应急救援时,一定要坚持"以人为本"的原则,先抢救受伤人员,要科学救援;现场自救和互救方面,在没有弄清伤员的受伤部位前,不得随意移动伤员,以免造成二次伤害;现场应急处置能力确认和人员安全防护方面,要在确保自身安全和有救援能力的条件下进行;应急救援结束后,及时清理现场和与有关的方面沟通处理相关事宜;其他需要特别警示是事故发生后,应注意保护好现场,除救援人员外,其他人员不得进入事故现场。	

(四)配电房及用电场所现场处置方案

配电房及用电场所现场处置方案如表5-12所示。

表5-12 配电房及用电场所现场处置方案

岗位名称		配电房及用电场所
事故风险分析		事故类型:触电、火灾。 事故发生的区域、地点或装置的名称:配电房 事故发生的可能时间、事故的危害严重程度及其影响范围:主要发生在配电房检修、巡检过程中,主要影响范围为配电房,若事故扩大,可对生产厂区甚至周边企业造成影响,火灾事故危害程度较大,其他事故危害程度一般。 事故前可能出现的征兆:电气设备冒烟、弧光、有人触电倒地。 事故可能引发的次生、衍生事故:人员伤亡事故
应急工作职责		①事故发现人应迅速向安全员报告,在确保自身和他人安全的情况下,积极采取措施控制事态发展。②安全员启动现场应急处置方案,并将部门人员合理分配,迅速组织人员进行现场处置。③应急救援其他人员负责抢险救灾、伤员的转移和救治、人员的疏散和撤离、警戒、后勤保障,及消防、救护车辆的引导等。④伴有其他事故发生,维修主管应立即报告公司,扩大现场应急处置
应急处置措施	事故报告	岗位员工报告安全员(报告事故发生时间、地点、事故状态、人员受伤情况等);安全员接报警后初步判断事故可能发展的趋势,向公司负责人、应急指挥部报警,认为必要时向化工集中区安全生产响应中心报告
	现场处置	火灾处置:发生电器火灾,作业人员首先应切断电源,然后用CO_2(或干粉)等灭火器扑灭,并大声呼救,请求其他员工的支援;严禁使用泡沫灭火器或水来扑灭;配电间起火,作业人员应马上关掉总电源,低压配电设备(小于600VAC)应用液相CO_2灭火,切忌用泡沫CO_2灭火;高压配电设备(高压1KVAC)应用干粉灭火,并大声呼救,请求其他员工的支援;当无法切断电源时,在部门其他人员到场后,应在确保人员不触电的情况下,作业人员用CO_2(或干粉)等灭火器直接向闸刀、开关、电线上的火源喷射灭火剂,创造条件,由到达的当班其他人员尽快切断电源,然后全面灭火;在自身灭火力量不足的情况下,由应急指挥组长迅速报警 触电处置:若发生触电事故,现场作业人员应第一时间采用绝缘设备将人与带电设备进行分离,电工及时切断所在区域电源
	人员疏散	警戒疏散组立即组织现场无关人员疏散至安全区,并设置警戒标志或隔离带
	人员救护	对于触电人员的救护,一定要在切断电源或伤者脱离电源的情况下进行;禁止用手触碰触电人员,应用木棒、竹竿等绝缘物使患者脱离电源;对于烧伤人员的救护,应特别注意保护烧伤部位,尽可能不要碰破皮肤,以防感染或造成皮肤疤痕;对大面积烧伤并已休克的伤患者,舌头易收缩堵塞咽喉造成窒息,在场人员应将伤者嘴撬开,将舌头拉出,保证呼吸畅通,同时用干净的被褥将伤者轻轻裹起来,送往医院治疗
	扩大应急	若事故扩大,应上报应急指挥部,启动专项应急预案及综合应急预案
	消防、医疗救助	必要时,拨打119、120报警,并打开消防通道,接应消防、医疗救护等车辆及外部应急增援力量到来

续表

岗位名称	配电房及用电场所	
	现场恢复	事故处理结束后,清扫现场,经上级同意后恢复生产
注意事项	进入可能触电区域人员须穿防触电绝缘靴及佩戴绝缘手套;人员疏散应根据风向标指示,撤离至上风口的紧急集合点,并清点人数;报警时,须讲明事故地点,装置名称,事故类型,事故大小情况,有无人员伤亡,报警人姓名,联系方式等;事故发生后,应注意保护好现场,除救援人员外,其他人员不得进入事故现场;应急救援人员应做好自身防护措施,不得盲目施救;在没有弄清伤员的受伤部位前,不得随意移动伤员,以免造成二次伤害	

第二节 运输过程中危险化学品的应急救援

在危险化学品生产和使用期间,所有的流程都需要依靠运输支持,所以想要确保危险化学品不给外界造成危害,就得保障好它的安全运输工作。作为一项动态工作,危险化学品的运输安全问题已经困扰了相关管理者许多年,在实际的运输中,每年总会有一些安全事故发生,给人们的生命财产安全带来了巨大的危害,同时还对生态环境造成不可修复的破坏。因此,长久以来,解决危险化学品的运输安全问题一直是一个重要的研究课题。

一、危险化学品的安全运输影响因素

(一)人为因素

在危险化学品的运输事故发生因素中,人为因素是最主要的影响因素,因为危险化学品的运输都是需要人为操作的,不管是公路运输、铁路运输、水路运输,还是空运,都需要相应的驾驶员操作。所以危险化学品的驾驶人员和押送人员需要受到严格规范的培训,能够保证他们在运输途中保持着专业谨慎的态度。相反,假如这些人没有过高的专业知识修养、法律意识比较单薄,对待运输物品没有应有的责任心和警惕心,那么危险化学品的安全运输事故就很容易发生,给外界造成巨大的破坏。

(二)外界因素

危险化学品在运输期间会经过很多区域,也会受到这些区域环境的影响。总体来说,除了驾驶员和运输工具本身的因素,外面所有的因素都可能对化学品运输造成影响。比如,运输车辆在行驶期间,可能会遇到表面不平整的路面,甚至是破损比较严重的路面,在这样的路面上行驶,车辆会产生剧烈的震动,造成内部化学品的碰撞。容纳危险化学品的容器属于危险易碎物品,绝不允许剧烈碰撞,而这样的路况无疑对危险化学品的保护是不利的。再比如,外界的天气状况比较差,危险化学品在运输期间可能更容易诱发交通事故,大雾天气影响路面的可见度,缩减了驾驶员的反应时间,给驾驶员的路况判断带来阻挠,使得交通事故的发生率急速上升;而下雪天,则是增加了路面的光滑度,使得车辆容易打滑,并且延长了刹车时间,容易诱发一系列安全事故。这些交通问题都会影响到危险化学品的安全运输,绝不容忽视。除此之外,还有化学品的包装问题,由于危险化学品的特殊性和危害性,所以在包装之时,一定要特别注意泄漏和损毁问题,假如包装容器的质量不过关,或者包装器具不符合危险化学品的属性,就容易引发安全事故。

(三)其他移动风险源

危险化学品的运输风险其实就属于移动风险源,按照运输方式划分,物品的运输可以分为4种,分别是水、陆、空运输和管道运输,按照运输物品属性来划分,又可以分为气体运输、液体运输和固体运输。前两者的人为因素和外界环境因素都属于移动风险源,除了这些因素以外,还有一些不可控因素,比如,一些易燃物品由于运输途中的摩擦产生火花,最终导致爆炸事故。总体来说,这些移动风险源集中在化学品的生产、运输和储存环节中,相关人员一定要针对具体的环境,制定有效的应对措施。

二、运输引发的危险化学品事故

危险化学品的事故主要分为"行驶事故"和"非行驶事故"两个事故类别。其中在"行驶事故"中,又有两个细分,一个是由于交通事故引发的运输问题,另一个则属于非交通事故引发的运输问题,在这里面,交通事故引发的运输安全问题是最主要的原因。交通事故引发的安全问题主要是驾驶员的违规操作和外界行车环境引发的;而非交通事故引发的安全问题则是由于运输车辆和包装容器的不标准所致,在装运期间,装运人员没有仔细放置危险化学品,导致危险化学品包装不严、放置不稳固,在运输期间出现了泄漏、碰撞,进而发生了各种安全事故①。

在安全事故发生之后,这些危险化学品会逐渐泄漏出来,通过空气、土地和流水快速扩散,给外界环境造成严重的破坏和污染,威胁到周边生物和居民的健康安全。因此,在事故发生后,救援人员不仅要遏制事故的发展态势,尽快处理事故本身,还要做好事故的善后工作,根据危险化学品扩散的数量、类型、空间、时间等,综合分析出扩散化学品给周边环境、居民和财产带来的危害,从而制定科学的应对方式。

三、危险化学品运输风险的应对方式

危险化学品在运输途中,会受到各种因素的影响发生变化,所以工作人员一定要时刻监测化学品的温度、压力数值,针对不同类型的危险化学品制定不同的运输方式和风险临界值预警体系。

(一)回避风险措施

鉴于危险化学品发生事故后造成的恶劣影响,所以在选择运输路线之时,就要做好回避工作,选择事故影响最低的路线,尽量避开水源周边区域和居民生活区域,如果实在无法避开,则要尽量避开人口密集区。

(二)减轻风险措施

不同的运输区域有着不同的风险发生概率,其中桥梁、隧道以及一些交叉路口和拐弯处最容易发生交通事故,所以在运输期间,一定要注意这些区域的重点管理,途经这些区域的时候,最好联系交警,让他们沿途护送。而相关督查部门也要加强对运输单位和运输物品的核查,确保运输符合规范。而运输单位一定要重视运输风险管理工作,根据企业负责运输的物品类型以及运输路线,制定合理的应急预案,同时严格按照国家的法律法规,制定企业的运输规章制度,做好自身的监督管理。

(三)制定风险应急预案

根据运输路线的特点,运输单位要做好风险应急预案,比如,在有水源地的区域运输,运输单位一定要准备应急救援物资,并随时与消防部门保持联系,一旦发生运输事故,立即出动人员与设备处理水源地的污

①吕剑薇.危险化学品运输风险及合理应对方式研究[J].科技资讯,2019(17):194,198.

染情况。

（四）提升工作人员的素质

危险化学品的运输事故，有很大一部分是人为因素造成的，所以运输企业要格外重视相关工作人员尤其是驾驶人员和押送人员的专业素质，提升他们的专业素质和职业道德，要求他们在工作中能够严格遵守规章制度，在事故发生后，能及时冷静地处理。为此，运输单位可以定期开展一系列培训演练活动，让相关人员熟练掌握各种事故的处理方式。

（五）设置危险化学品管理系统

危险化学品的运输关系到生态系统和人身生命财产安全，需要相关部门和企业协调配合，共同管理。比如，公安部门和安监部门要做好危险化学品的监管工作，对危险化学品的各个流通环节进行严格核查，检查运输车辆，检测化学品的性质和质量，并将详细的检测结果输入到危险化学品信息管理库中；危险化学品的生产、运输单位则要全力配合监督部门的管理，规范企业经营，让企业的工作流程和技术操作符合安全要求，在运输车辆上面安置危险预警装置和行车监控卡。总之，为了确保危险化学品的安全运输，相关部门和企业单位都要高度重视起来，协同配合，构建有效的管理系统。

第三节 储存过程中危险化学品的应急救援

一、易燃易爆品应急救援

各种物品在燃烧中会产生不同程度的毒性气体和毒害性烟雾。在灭火和抢救时，应站在上风头，佩戴防毒面具或自救式呼吸器（表5-13）[1]。

如发现头晕、呕吐、呼吸困难、面色发青等中毒症状，立即离开现场，转移到空气新鲜处或做人工呼吸，重伤者送医院诊治。

---

[1]王定军.工贸企业危险化学品存储常见隐患[J].劳动保护,2017(7):68-69.

表5-13 易燃易爆性物品灭火方法

类别	品名	灭火方法	备注
爆炸品	爆炸混合物（如黑火药）	雾状水	
	爆炸化合物（如雷酸汞）	雾状水、水	
压缩气体和液化气体	压缩气体和液化气体	大量水	冷却钢瓶
易燃液体	中、低、高闪点液体	泡沫、干粉	
	甲醇、乙醇、丙酮	抗溶泡沫	
易燃固体	易燃固体	水、泡沫	
	发泡剂	水、干粉	禁用酸碱泡沫
	硫化磷	干粉	禁用水
自燃物品	自燃物品	水、泡沫	
	羟基金属化合物	干粉	禁用水
遇湿易燃物品	遇湿易燃物品	干粉	禁用水
	钠、钾	干粉	禁用水
氧化剂和有机过氧化物	氧化剂和有机过氧化物	雾状水	
	过氧化钠、钾、镁、钙等	干粉	禁用水

二、毒害品应急救援

（1）部分毒害品消防方法如表5-14所示。

表5-14 部分毒害品消防方法

类别	品名	灭火剂	禁用灭火剂
无机剧毒品	砷酸、砷酸钠	水	
	砷酸盐、砷及其化合物、亚砷酸、亚砷酸盐	水、砂土	
	亚硒酸盐、亚硒酸酐、硒及其化合物	水、砂土	
	硒粉	砂土、干粉	水
	氧化汞	水、砂土	
	氰化物、氰熔体、淬火盐	水、砂土	酸碱泡沫
	氢氰酸溶液	二氧化碳、干粉、泡沫	
有机剧毒品	敌死通、氟化苦、氟膦酸异丙酯、乙硫磷乳剂、甲拌磷	砂土、水	

类别	品名	灭火剂	禁用灭火剂
	四乙基铅	干砂、泡沫	
	马钱子碱	水	
	硫酸二甲酯	干砂、泡沫、二氧化碳、雾状水	
	对硫磷乳剂、内吸磷乳剂	水、砂土	酸碱泡沫
无机有毒品	氟化钠、氟化物、氟硅酸盐、氧化铅、氧化钡、氧化汞、汞及其化合物、碲及其化合物、碳酸铍、铍及其化合物	砂土、水	
有机有毒品	氰化二氯甲烷、其他含氰的化合物	二氧化碳、雾状水、砂土	
	苯的氯代物(多氯代物)	砂土、泡沫、二氧化碳、雾状水	
	氯酸酯类	泡沫、水、二氧化碳	
	烷烃(烯烃)的溴代物,其他醛、醇、酮、酯、苯等的溴化物	泡沫、砂土	
	各种有机物的钡盐,对硝基苯氯(溴)甲烷	砂土、泡沫、雾状水	
	砷的有机化合物、草酸、草酸盐类	砂土、水、泡沫、二氧化碳	
	草酸酯类、硫酸酯类、磷酸酯类	泡沫、水、二氧化碳	
	胺的化合物、苯胺的各种化合物、盐酸苯二胺(邻、间、对)	砂土、泡沫、雾状水	
	二氨基甲苯、乙基胺 二硝基二苯胺、苯肼及其化合物、苯酯的有机化合物、硝基的苯酚钠盐、硝基苯酯、苯的氯化物	砂土、泡沫、雾状水、二氧化碳	
	糠醛、硝基萘	泡沫、二氧化碳、雾状水、砂土	
	滴滴涕原粉、毒杀酚原粉	泡沫、砂土	
	氯丹、敌百虫、马拉松烟雾剂、安妥、苯巴比妥钠盐、阿米妥尔及其钠盐、赛力散原粉、1-萘甲腈、炭疽芽孢苗、鸟来因、粗蒽、依米丁及其盐类、苦杏仁酸、戊巴比要妥及其钠盐	水、砂土、泡沫	

（2）个人防护参照《个体防护装备配备规范》（GB 39800-2020）、《农药贮运、销售和使用的防毒规程》（GB12475—2006）。

（3）中毒急救方法。

①呼吸道中毒。有毒的蒸气、烟雾粉尘被人吸入呼吸道各部，发生中毒现象，多为喉痒、咳嗽、流涕、气闷、头晕、头疼等。发现上述情况后，中毒者应立即离开现场，到空气新鲜处静卧。对呼吸困难者，可使其吸氧或进行人工呼吸。在进行人工呼吸前，应解开上衣，但勿使其受凉，人工呼吸至恢复正常呼吸后方可停止，并立即予以治疗。无警觉性毒物的危险性更大，如溴甲烷，在操作前应测定空气中的气体浓度，以保证人身安全。②消化道中毒。经消化道中毒时，中毒者可用手指刺激咽部，或用药品催吐、催泻，如对硫磷、内吸磷等油溶性毒品中毒，禁用蓖麻油、液状石蜡等油质催泻剂。中毒者呕吐后应卧床休息，注意保持体温，可饮热茶水。

三、腐蚀性物品应急救援

（1）部分腐蚀品消防方法如表5-15所示。

表5-15 部分腐蚀品消防方法

品名	灭火剂	禁用灭火剂
发烟硝酸、硝酸	雾状水、砂土、二氧化碳	高压水
发烟硫酸、硫酸	干砂、二氧化碳	水
盐酸	雾状水、砂土、干粉	高压水
磷酸、氢氟酸、氢溴酸、溴素、氢碘酸、氟硅酸、氟硼酸	雾状水、砂土、二氧化碳	高压水
高氯酸、氯磺酸	干砂、二氧化碳	
氯化硫	干砂、二氧化碳、雾状水	高压水
磺酰氯、氯化亚砜	干砂、干粉	水
氯化铬酰、三氧化磷、三溴化磷	干粉、干砂、二氧化碳	水
五氯化磷、五溴化磷	干砂、干粉	水
四氧化硅、三氧化铝、四氧化钛、五氧化锑、五氧化磷	干砂、二氧化碳	水
甲酸	雾状水、二氧化碳	高压水
溴乙酰	干砂、干粉、泡沫	高压水

品名	灭火剂	禁用灭火剂
本磺酰氯	干砂、干粉、二氧化碳	水
乙酸、乙酸酐	雾状水、砂土、二氧化碳、泡沫	高压水
氯乙酸、三氯乙酸、丙烯酸	雾状水、砂土、二氧化碳、泡沫	高压水
氢氧化钠、氢氧化钾、氢氧化锂	雾状水、砂土	高压水
硫化钠、硫化钾、硫化钡	砂土、二氧化碳	水或酸、碱氏灭火机
水合肼	雾状水、泡沫、干粉、二氧化碳	
氨水	水、砂土	
次氯酸钙	水、砂土、泡沫	
甲醛	水、泡沫、二氧化碳	

（2）消防人员灭火时应位于上风口处并佩戴防毒面具。禁止用高压水（对强酸）灭火，以防爆溅伤人。

（3）腐蚀性物品进入口内立即用大量水漱口，服大量冷开水催吐或用氧化镁乳剂洗胃。呼吸道受到刺激或呼吸中毒立即移至新鲜空气处吸氧。腐蚀性物品接触眼睛或皮肤，应用大量水或小苏打水冲洗后敷氧化锌软膏，然后送医院诊治。

（4）灼伤或中毒急救方法。

①强酸。皮肤沾染用大量水冲洗，或用小苏打、肥皂水洗涤，必要时敷软膏；溅人眼睛用温水冲洗后，再用5%小苏打溶液或硼酸水洗；进入口内立即用大量水漱口，服大量冷开水催吐，或用氧化镁悬浊液洗胃；呼吸中毒立即移至空气新鲜处保持体温，必要时吸氧。

②强碱。接触皮肤用大量水冲洗，或用硼酸水、稀乙酸冲洗后涂氧化锌软膏；触及眼睛用温水冲洗；吸入中毒者（氢氧化氨）移至空气新鲜处；严重者送医院治疗。

③氢氟酸。接触眼睛或皮肤，立即用清水冲洗20 min以上，可用稀氨水敷浸后保暖，再送医治。

④高氯酸。皮肤沾染后用大量温水及肥皂水冲洗，溅入眼内用温水或稀硼砂水冲洗。

⑤氯化铬酰。皮肤受伤用大量水冲洗后，用硫代硫酸钠敷伤处后送医诊治，误入口内用温水或2%硫代硫酸钠洗胃。

⑥氯磺酸。皮肤受伤用水冲洗后再用小苏打溶液洗涤,并以甘油和氧化镁润湿绷带包扎,送医诊治。

⑦溴(溴素)。皮肤灼伤以苯洗涤,再涂抹油膏;呼吸器官受伤可嗅氨。

⑧甲醛溶液。接触皮肤先用大量水冲洗,再用酒精洗后涂甘油;呼吸中毒可移到新鲜空气处,用2%碳酸氢钠溶液雾化吸入以解除呼吸道刺激,然后送医院治疗。

四、危险化学品储存仓库火灾扑救

危险化学品仓库火灾的主要特点是燃烧猛、易爆炸和产生大量毒气。扑救危险化学品仓库火灾的主要任务是迅速控制火势,防止爆炸和中毒发生;积极抢救,疏散物资,避免重大伤亡事故的发生,减少火灾损失。

(一)火情侦察

(1)查明火场上有无爆炸危险,若已发生爆炸,则需查明由于爆炸而造成的人员伤亡情况和建筑物破坏程度,有无再次爆炸的可能。

(2)查明燃烧物品、库内存放的物品及邻近库房储存的物品的理化性质、燃烧特性、储存数量、储放形式等情况。

(3)了解库房的建筑结构情况,可供灭火展开战斗和疏散物资的通道宽度及通行情况。

(4)查清扑救火灾适用灭火剂的类型,到场车载灭火剂能否适用,新调车辆的种类、数量等情况。

(二)扑救对策

1.正确选用灭火剂

扑救危险化学品仓库火灾必须根据危险化学品的性质,正确选用灭火剂,防止因灭火剂使用不当而扩大火情,甚至引起爆炸。

(1)大多数易燃、可燃液体都能用泡沫扑救,其中水溶性的有机溶剂应用抗溶性泡沫扑救。

(2)可燃气体应用二氧化碳、干粉或 HFC-227(七氟丙烷)、三氟甲烷(HFC-23)等卤代烃灭火剂扑救。

(3)有毒气体,酸、碱液火灾可用雾状或开花水流扑救。酸液用碱性水流,碱液用酸性水流更为有效。

(4)遇水燃烧物质及轻金属火灾,不能用水和含水灭火剂扑救,也不能用二氧化碳灭火剂扑救,宜用干粉、干砂、7150灭火剂(三甲氧基硼氧六环)、原位膨胀石墨等灭火剂窒息灭火。

2.不同情况下扑救火灾的方法

危险化学品仓库起火,应根据不同的建筑结构、危险化学品的性质和火情,采取不同的灭火对策。

(1)当库房建筑物起火,库内危险化学品受火势威胁尚未发生燃烧、爆炸时,应根据情况采取以下措施。

①库内没有遇水燃烧物品和其他忌水物品时,应迅速布置水枪阵地,用直流水消灭建筑物火势,从根本上消除火势对储存物品的威胁,同时应部署兵力,一边疏散物资一边用喷雾、开花水流保护库内物品。

②库内有少量遇水燃烧物品和其他忌水物品时,则应组织突击队先将这些物品疏散出去,再射水消灭库房建筑火势。

③库房内存有较多的遇水燃烧物品和其他忌水物品时,则要看盛装这类物品的桶、罐是否被破坏。如容器没有损坏,指挥员应大胆决策,迅速部署兵力,用直流水消灭库房建筑火势;若容器已渗漏,则应选用适当的灭火剂控制火势,再将渗漏的容器移至室外,为用水扑灭库房建筑火势创造条件。

(2)当库房内的危险化学物品起火,而库房尚未着火时,应根据情况采取以下措施。

①库房内燃烧的物品可以用水或泡沫灭火,指挥员应立即部署兵力用水或泡沫消灭火点,保护邻近堆垛的物资,同时应部署一定兵力保护库房承重结构,以防库房倒塌,使火势扩大蔓延。如果是桶装液体物品、瓶装气体物品着火,应注意冷却受火势威胁的桶体、瓶体,防止其发生爆炸。在部署兵力灭火的同时,应部署一定的兵力疏散受火势威胁的物品,以减少火灾损失。

②库房内燃烧物品不能用水或泡沫扑救,则应选用相应的灭火剂;若系轻金属火灾或遇水燃烧物品起火,应采用7150灭火剂(三甲氧基硼氧六环)、原位膨胀石墨和干粉、干砂、石棉布等覆盖灭火;若在短时间内无法调来适当的灭火剂,指挥员应从火场全局角度出发,先部署兵力保

护相邻库房,疏散相邻库房内的物资,防止火势扩大蔓延,当灭火,剂到场,应立即转守为攻组织力量消灭火点。

注意:①当库房建筑和库内储存物品同时起火时,首先要进行堵截,控制火势向毗邻库房蔓延,然后再针对库内存放物品的特性,选择适合的灭火剂消灭火势。②当火场上有剧毒气体扩散时,除了加强作战人员的防护外,并要部署一定的兵力,组织毒气扩散范围内的居民、群众疏散,并通知有关部门采取安全措施。③危险化学品仓库火灾扑灭后,要特别注意清理火场,防止某些物品因没有清除干净而导致复燃、复爆。④扑救某些剧毒、腐蚀性物品火灾后,要对灭火器材、战斗个人装备进行清洗、消毒,参加灭火的人员要到医院进行专项体格检查。

第六章 常见危险化学品应急救援方法

第一节 液化天然气事故应急救援

液化天然气(LNG)是将天然气净化、深冷液化而成的液体,它是一种清洁、优质的燃料。LNG 的体积约为其气态体积的1/600,故液化天然气更有利于远距离运输、储存,使天然气的应用方式更灵活、范围更广。目前,LNG已广泛应用于工业和民用的各个领域。

一、液化天然气的理化性质及危险特性

(一)液化天然气的理化特性

1.组成

液化天然气主要成分为甲烷,另外还含有少量的乙烷、丙烷、氮气及其他天然气中通常含有的物质。不同工厂生产的液化天然气具有不同的组分,主要取决于生产工艺和气源组分。按照欧洲标准《液化天然气装置和设备 液化天然气的一般特性》UNE-EN 1160—1997 的规定,液化天然气的甲烷含量应高于75%,氮含量应低于5%。尽管液化天然气的主要成分是甲烷,但不能认为液化天然气等同于纯甲烷,对它的特性需分析和测定。

2.液化天然气的特性

(1)密度。液化天然气的密度取决于其组分,通常为430～470 kg/m³,甲烷含量越高,密度越小;密度与液体温度有关,温度越高,密度越小,变化的梯度为1.35 kg/(m³·℃)。液化天然气的密度可直接测量,但一般都通过气相色谱仪分析的组分结果计算出密度。

(2)温度。液化天然气的沸腾温度也取决于其组分,在大气压力下通常为-166～-157℃,在一般资料上介绍的-162.15℃是指纯甲烷的沸腾温度。

（3）液化天然气的蒸发。液化天然气贮存在绝热储罐中，任何热量渗漏到罐中，都会导致一定量的液体气化为气体，这种气体就叫做蒸发气。蒸发气的组成取决于液体的组成，一般情况下，液化天然气蒸发气含有20%的氮气，80%的甲烷及微量的乙烷。蒸发气中，氮气的含量可达到液化天然气中氮气含量的20倍。对于纯甲烷而言，低于-113℃的蒸发气密度比空气大，对于含有20%氮气的甲烷而言，低于-80℃的蒸发气密度比空气大。

（4）液化天然气的溢出与扩散。液化天然气倾倒至地面上时，最初会猛烈沸腾蒸发，然后蒸发率将迅速衰减至一个固定值，蒸发气体沿地面形成一个层流，从环境中吸收热量逐渐上升和扩散，同时将周围的环境空气冷却至露点以下，形成一个可见的云团，可作为蒸发气体移动方向的指南，也可作为气体空气混合物可燃性的指示。

（5）液化天然气的燃烧与爆炸。液化天然气具有天然气的易燃易爆特性，在-162℃的低温条件下，其燃烧范围为6%~13%（体积百分比）；液化天然气着火温度随组分的变化而变化，重烃含量的增加使着火温度降低，纯甲烷着火温度为650℃。在空气中甲烷最小点火能量为0.47 mJ。

熟悉了解液化天然气的基本特性，有利于正确认识来自液化天然气的危险，进行人身安全防护和掌握液化天然气事故的正确处置措施。

（二）液化天然气的危险特性

1. 液化天然气的储存

液化天然气的危险特性与液化天然气处于沸腾（或接近于沸腾）状态有关。在液化天然气贮槽中，液化天然气处于沸腾状态，在液化天然气工厂的一些管道及液化工段末端，它接近于沸腾状态，外来的热量传入会导致气化使压力超高，致使安全阀打开或造成更大的破坏。

翻滚：由于贮槽中液化天然气不同的组成和密度引起分层，两层之间进行传质和传热，最终完成混合，同时在液层表面进行蒸发。此蒸发过程吸收上层液体的热量，使下层液体处于过热状态。当两层液体的密度接近相等时，就会突然迅速混合而在短时间内产生大量气体，使储罐内压力急剧上升，甚至顶开安全阀。

为避免这种危险，应采取的特殊处理方法如下。

（1）轻液化天然气从槽底进料，或重液化天然气从槽顶进料，或两者结合使用。

（2）在槽内安装一自动密度仪以检测不同密度层。

（3）用槽内泵使液体从底至顶循环。

（4）保持液化天然气的含氮量低于1%，并且密切监测气化速率。

2.低温冻伤

由于液化天然气是-166~-157℃的深冷液体，皮肤直接与低温物体表面接触会产生严重的伤害。直接接触时，皮肤表面的潮气会凝结，并粘在低温物体表面上。皮肤及皮肤以下组织冻结，很容易撕裂，并留下伤口。粘接后，可用加热的方法使皮肉解冻，然后再揭开。这时若强行将皮肤从低温表面撕开，就会将这部分皮肤撕裂。所以，工作时应特别注意避免佩戴湿手套。

另外，低温液体黏度较低，它们会比其他液体（如水）更快地渗进纺织物或其他多孔的衣料里。在处理与低温液体或蒸气相接触或接触过的任何东西时，都应戴上无吸收性的手套（PVC或皮革制成），手套应宽松，这样如发生液体溅到手套上或渗入手套里面时，就可容易地将手套脱下。为避免喷射或飞溅，应使用面罩或护目镜来保护眼睛。

3.液化天然气的泄露

由于低温操作，设备的金属部件会出现明显的收缩，在管道系统的任何部位，尤其是焊缝、阀门、法兰、管件、密封及裂缝处，都可能出现泄漏和沸腾蒸发。如果不及时封闭，这些蒸气就会逐渐上浮，且扩散较远，容易遇到潜在的火源，十分危险。可以采用圈堰和天然屏障对比空气重的低温蒸气进行拦截。

4.低温麻醉

如果没有充分的保护措施，人在低于10℃下的环境久待，就会有低温麻醉的危险产生，随着体温下降，生理功能和智力活动都下降，心脏功能衰竭，若体温进一步下降会致死亡。对明显受到体温过低影响的人，应迅速从寒冷地带转移并用温水洗浴使其体温恢复，不适合用干热的方法提升体温。

5.窒息

吸入液化天然气低温蒸气有损健康，短时间内，导致呼吸困难，时间一长，就会产生严重的后果。虽然液化天然气蒸气没有毒，但其中的氧含量低,容易使人窒息。如果吸入纯净LNG蒸气而不迅速脱离,很快就会失去知觉,几分钟后便会导致死亡。当空气中的氧含量逐渐降低时,操作人员没有丝毫感觉,也没有任何警示。等意识到危险时,则为时已晚。窒息共分为以下4种情况。

(1)氧气的体积分数为14%~18%时,呼吸、脉搏加快,并伴有肌肉抽搐。

(2)氧气的体积分数为10%~14%时,出现幻觉,易疲劳,对疼痛反应迟钝。

(3)氧气的体积分数为6%~10%时,出现恶心、呕吐,甚至昏倒,造成永久性脑损伤。

(4)氧气的体积分数低于6%时,出现痉挛、呼吸停止,导致死亡。通常,含氧量10%是人体不出现永久性损伤的最低限。相对应,正常空气中甲烷的体积分数为52.4%,其氧气的体积分数是10%,因此警告大家不要进入液化天然气蒸气中。

6.冷爆炸

在液化天然气泄漏遇到水的情况下(例如集液池中的雨水),水与液化天然气之间有非常高的热传递速率,液化天然气将激烈地沸腾并伴随巨大的响声,喷出水雾,导致液化天然气蒸气爆炸。这个现象类似水落在一块烧红的钢板上发生的情况,可使水立即蒸发。为避免这种危险,应定期排放集液池中的雨水。

7.火灾

液化天然气蒸气遇到火源着火后,火焰会扩散到氧气所及的地方。游离云团中的天然气处于低速燃烧状态,云团内形成的压力低于5 kPa,一般不会造成很大的爆炸危害。燃烧的蒸气会阻止燕气云团的进一步形成,然后形成稳定燃烧。

(1)易燃易爆。天然气,不论气态还是液态,均属于高度易燃易爆物质。液化天然气的火灾特点是:火焰传播速度较快;质量燃烧速率大,约为汽油的2倍;火焰温度高、辐射热强,易形成大面积火灾;具有复燃、复爆性,难于扑灭。

(2)易蒸发。液化天然气(按甲烷考虑)的沸点是-162℃,易蒸发。液化天然气存储设备及管道也因液化天然气的低温而极易吸热。随着温度升高,液化天然气的蒸气压迅速增大。因此,储罐、蒸发器及管路等设备应有足够的强度,同时应具备相应的泄压措施,以防止温度升高时容器胀裂导致液化天然气泄漏。液化天然气一旦从储罐、管道或其他设备中泄漏出来,一部分会急剧气化,与周围空气混合生成冷蒸气雾,在空气中冷凝形成白烟,再稀释受热后与空气形成可燃性气云。可燃性气云若遇到点火源,将引发闪火或蒸气云爆炸等事故。如果泄漏的液化天然气数量较大,未立即蒸发的部分在地面上形成液流,若无围护设施,就会沿地面扩散,遇到点火源便可引发火灾。

(3)其他危险特性。液化天然气还具有易扩散、流淌、易产生静电和发生罐内翻滚、分层等危险特性。

(三)安全防护

1.工艺装置安全设计

液化天然气装置本身的可靠性是保证液化天然气设施安全运行的重要前提,因此,遵循标准和规范进行设计是十分必要的。

2.可燃气体探测设施

白天,可通过目测的方法来探测可见的蒸气云团,而在晚上则不适用。通常,工厂都装有大型的可燃气体探测器,传感器都置于易发生泄漏的地方。当传感器探出蒸气与空气的浓度达到爆炸下限的20%时,就通过报警传到控制室,操作工就能及时采取相应的控制措施进行处理。当蒸气与空气的探测浓度达到爆炸下限的60%时,就会自动全厂停车。因此,连续的自动探测系统比人工探测具有更大的优势,比人工探测更为准确可靠。

3.事故切断系统

液化天然气设施应包括事故切断系统(ESD),当该系统运行时,就会切断或关闭液化天然气、易燃液体、易制致冷剂或可燃气体来源,并关闭继续运行将加剧或延长事故的设备。ESD系统应具有失效保护设计,当正常控制系统出现故障或事故时,失效的可能性应该最小。

4.消防水系统

使用带水位控制器的水幕或手握软管喷水使液化天然气蒸气云团改道,避免风将蒸气团移向会点燃该蒸气团的运行设备,但同时,水也会给蒸气带来额外的热量,造成云雾更快地浮动并向上扩散。

在有火灾的情况下,为了避免热辐射,一些设备需要大量水作保护。在处理液化天然气失火时,推荐使用干粉(最好是碳酸钾)灭火器。注意,任何情况下不要在液化天然气储槽的大火中使用水,水会增大气化速率,因而会将火焰高度增大6倍,辐射热增大3倍。

5.使用泡沫控制蒸气扩散及辐射

泡沫迅速膨胀,可阻止液化天然气可燃蒸气的迅速扩散,并且在蒸气遇到火源着火后,可减少辐射量,泡沫的膨胀率约为500∶1。将泡沫覆盖在液化天然气池表面,由于热量增加,会使液化天然气的气化率增大,气化后的液化天然气蒸气穿过泡沫,温度升高,向上飘浮。这样,液化天然气蒸气就像缕缕烟雾一样向上浮而不会沿着地面扩散,从而大大减少扩散区。如果是将泡沫覆盖在燃烧的液化天然气池上,就会降低气化率,从而减小火势。热辐射量也就会随火势的减小而减少。

6.人身安全保护

如果要接触低温气体、低温液体,必须戴上防护面罩,戴上皮革(PVC)手套,穿无袋的长裤及高筒靴(把裤脚放在靴的外面)、长袖的衣服。在缺氧条件下,需戴呼吸设备。面罩要求在低温下不会碎裂,衣物要求由专门的合成纤维或纤维棉制成,且要求尺寸宽大,以防止低温液体溅落在衣物上,冻伤皮肤。

决不允许人员进入液化天然气池或液化天然气喷射物中,因为这些防护用具不能确保安全。只有不存在着火源且需紧急操作时才能进入LNG蒸气中。

工厂人员在灭火时,如穿着易燃材料做成的工作服,则工作过程非常危险。由于存在热辐射,工作人员应穿由特殊保护材料制作的工作服,如消防人员防火服。

7.低温冻伤急救

发生冻伤时应该用大量温水(41~46℃)冲洗皮肤冻伤处,不可使用干燥加热的方法。应将伤员移至温暖的地方(22℃以上)。如果不能得到立即救治,立即将伤者送至医院。

二、液化天然气事故处置

(一)灭火战术

1.抓住时机,以快制胜

抓住火灾初起阶段和火势暂时较弱的有利时机,利用环境条件,做到查明情况快,信息传递决,战术决策快,以最快的战斗行动控制和扑救火灾[1]。

2.以冷制热,防止爆炸

利用一定的供水强度,在灭火的同时,对着火设备和邻近设备进行冷却降温。不能顾此失彼,防止设备、容器、管道因受高温影响而引起燃烧爆炸。

3.先重点,后一般

在扑救火灾时,一般可先扑救外围明火,然后再进行内攻,以控制火势向周围蔓延扩大。若灭火战斗力量不足,则应根据着火部位不同的情况,先重点后一般、先易后难,控制火势,待增援力量到达后,再一举扑灭火灾。

4.各个击破,适时合围

对于较大面积的火灾,应采取各个击破、穿插分割、堵截火势、适时围歼的方法。

(二)扑救天然气火灾的主要措施

扑救天然气火灾的主要措施包括以下3点。

1.断源灭火

天然气集输系统发生火灾,首先应考虑关阀断气。关阀断气,就是控制、切断流向火源处的天然气,使燃烧中止。在未切断气源前,不要急于灭火,以防火灭后气体继续外逸发生第二次着火爆炸。关阀断气灭火时,应注意防止错关阀门而导致意外事故发生;在关阀断气的同时,不间断地冷却着火部位及受火势威胁的邻近部位,火灭之后,仍需继续冷却一段时间,防止复燃或复爆;当火焰威胁进气阀而难以接近时,可在落实堵漏措施的前提下,先灭火,后关阀;关阀断气灭火时,应考虑到关阀后

---

①张金明,杨鹏飞,栾国华.基于液化天然气槽车泄漏事故的应急处置研究[J].油气田环境保护,2022(5):55-58,61.

是否会造成前一道工序中的高温高压设备出现超温超压而造成爆破事故,故在关阀断气的同时,必须根据具体情况采取相应的断电、停泵、泄压、放空等措施。

2.灭火剂灭火

扑救天然气火灾,可选用的灭火剂很多,通常可选择水、干粉、蒸气、氮气及二氧化碳等灭火剂灭火。利用水枪灭火时,宜以60°~70°的倾斜角射入,用高压水流喷射火焰,可取得良好的灭火效果。

3.堵漏灭火

对气体压力不大的漏气火灾,采取堵漏灭火时,可用湿棉被、湿麻袋、湿布、石棉毡或黏土等封住着火部位,隔绝空气,使火熄灭。在关阀、补焊时,必须严格执行操作规程和动火规定,并迅速进行,以避免二次着火、爆炸。

若天然气泄漏尚未着火,应迅速关闭进气阀门和落实堵漏措施,杜绝气体外泄。迅速设置警戒区。警戒区应布置在该地区天然气浓度在爆炸下限30%的范围内,并随时注意风向变化。禁止一切车辆驶入警戒区,停留在警戒区的车辆严禁启动。做好灭火战斗准备,防止遇火源发生着火爆炸。消防车到达现场,不可直接进入天然气扩散地带,应停留在扩散地段上风方向和高坡安全地带,消防人员动作应谨慎,防止碰撞金属产生火花而引发火灾。根据现场情况,动员天然气扩散区的居民和职工迅速熄灭一切火种并撤离扩散区。

天然气扩散后可能遇到火源的部位,应作为灭火战斗的主攻方向,安排部署水枪阵地,做好扑灭着火爆炸事故的准备。利用喷雾水或蒸气吹散泄漏的天然气,防止形成爆炸性混合物。险情排除后,经过测试,其浓度确已低于爆炸下限时,方可恢复正常生产。

(三)灭火过程需注意的事项

扑灭含有较高硫化氢的天然气火灾时,消防人员要注意防毒,戴好防毒面具或防护面罩等。

进入现场人员,严禁穿铁钉鞋或化纤衣服。可采取淋湿衣服的措施,以防止产生静电火花,操作使用各种消防器材、工具、手电、手抬泵、车辆等,严禁产生火花。

在危险区内不准敲打金属,防止产生火花,必要时可使用铜锤、胶皮锤、木锤等不易产生火花的工具。

为排除室内天然气需破拆门窗时,应选择侧风向,使用木棍敲碎玻璃,以防止产生火花引起爆炸着火。

利用地形地物(门板、墙壁、设备等)作掩体攻入灭火时,防止冲击波和热辐射对灭火人员的伤害。

注意观察储气罐(柜)爆炸征兆。当发现储气罐排气阀猛烈排气并有刺耳哨声、罐体震动厉害、火焰发白时,便是爆炸前兆,应迅速组织现场全体人员撤离。

充分利用厂、站、库内的灭火设施。

灭火时,一定要在指挥人员的统一指挥下,各个阵地同时进攻,一举将火扑灭,切忌各行其是,零星进攻,否则既浪费人力物力,又达不到灭火的目的。一切非灭火人员应远离现场。

第二节 液化石油气事故应急救援

液化石油气(LPG)是一种广泛应用于工业生产和居民日常生活的燃料,液化石油气从储罐中泄漏出来很容易与空气形成爆炸混合物。若在短时间内大量泄漏,可以在现场很大范围内形成液化气蒸气云,遇明火、静电或处置不慎打出火星,就会导致爆炸事故的发生。随着液化石油气使用范围的不断扩大和用量的不断加大,近年来较大的液化石油气泄漏、爆炸事故时有发生,对人民生命财产安全造成了极大的威胁。

一、液化石油气的理化性质及危险特性

(一)理化特性

液化石油气主要由丙烷、丙烯、丁烷、丁烯等烃类介质组成,还含有少量 H_2S、CO、CO_2 等杂质,由石油加工过程产生的低碳分子烃类气体(裂解气)压缩而成。外观与性状:无色气体或黄棕色油状液体,有特殊臭味;闪点:−74℃;沸点:−42℃,引燃温度:426~537℃;爆炸极限(体积百分比):2.5%~9.65%;相对于空气的密度:1.5~2.0。不溶于水。禁配物:强氧化剂、卤素。

（二）危险特性

危险性类别:第2.1类易燃气体

1.燃爆性质

极度易燃;受热、遇明火或火花可引起燃烧;能与空气形成爆炸性混合物;蒸气比空气重,可沿地面扩散,蒸气扩散后遇火源着火回燃;包装容器受热后可发生爆炸,破裂的钢瓶具有飞射危险。

2.健康危害

如没有防护,直接大量吸入有麻醉作用,可引起头晕、头痛、兴奋或嗜睡、恶心、呕吐、脉缓等;重症者可突然倒下,尿失禁,意识丧失,甚至呼吸停止;不完全燃烧可导致一氧化碳中毒;直接接触液体或其射流可引起冻伤。

3.环境危害

对环境有危害,对大气可造成污染,残液还可对土壤、水体造成污染。

（三）公众安全

若发生液化石油气事故,首先拨打产品标签上的应急电话报警;蒸气沿地面扩散并易积存于低洼处（如污水沟、下水道等）,所以,要在上风处停留,切勿进入低洼处;无关人员应立即撤离泄漏区至少100 m以上;疏散无关人员并建立警戒区,必要时应实施交通管制。

（四）个体保护

佩戴正压自给式呼吸器;穿防静电隔热服。

（五）隔离

大量泄漏:考虑至少隔离800 m（以泄漏源为中心,半径800 m的隔离区）以上。

火灾:火场内如有储罐、槽罐车,隔离1 600 m（以泄漏源为中心,半径1 600 m的隔离区）以上。

二、液化石油气事故处置

（一）中毒处置

皮肤接触:若有冻伤,就医治疗。

吸入:迅速脱离现场至空气新鲜处,保持呼吸道通畅。如呼吸困难,给输氧,如呼吸停止,立即进行人工呼吸,并及时就医。

(二)泄漏处置

(1)报警,并视泄漏量情况及时报告政府有关部门。

(2)建立警戒区。立即根据地形、气象等情况,在距离泄漏点至少800 m范围内实行全面戒严。划出警戒线,设立明显标志,以各种方式和手段通知警戒区内和周边人员迅速撤离,禁止一切车辆和无关人员进入警戒区[①]。

(3)消除所有火种。立即在警戒区内停电、停火,灭绝一切可能引发火灾和爆炸的火种。进入危险区前用水枪将地面喷湿,以防止摩擦、撞击产生火花,作业时设备应确保接地。

(4)控制泄漏源。在保证安全的情况下堵漏或翻转容器,避免液体漏出。如管道破裂,可用木楔子、堵漏器堵漏或卡箍法堵漏。

(5)导流泄压。若各流程管线完好,可通过出液管线、排污管线,将液态烃导入紧急事故罐,或采用注水升浮法,将液化石油气界位抬高到泄漏部位以上。

(6)罐体掩护。从安全距离,利用带架水枪以开花的形式和固定式喷雾水枪对准罐壁和泄漏点喷射,以降低温度和可燃气体的浓度。

(7)控制蒸气云。如可能,可以用锅炉车或蒸气带对准泄漏点送气,用来冲散可燃气体;用中倍数泡沫或干粉覆盖泄漏的液相,减少液化气蒸发,用喷雾水(或强制通风)转移蒸气云飘逸的方向,使其在安全地方扩散掉。

(8)救援组织。可调集医院救护队、警察、武警等现场待命。

(9)现场监测。随时用可燃气体检测仪监视检测警戒区内的气体浓度,人员随时做好撤离准备。

注意事项:禁止用水直接冲击泄漏物或泄漏源,防止泄漏物向下水道、通风系统和密闭性空间扩散;隔离警戒区直至液化石油气浓度达到爆炸下限25%以下方可撤除。

[①]夏良,周永安,胡伟康.液化石油气事故分析及对策[J].山东化工,2020(5):247-248,250.

（三）燃烧爆炸处置

1.灭火剂选择

小火:干粉、二氧化碳灭火器;大火:水幕、雾状水。拨打119报警电话和120急救电话,并视现场情况及时报告政府有关部门。

2.建立警戒区

立即根据地形、气象等,在距离泄漏点至少1 600 m范围内实行全面戒严。划出警戒线,设立明显标志,以各种方式和手段通知警戒区内和周边人员迅速撤离,禁止一切车辆和无关人员进入警戒区。

3.关阀断料,制止泄漏

①关阀断气:若阀门未烧坏,可穿避火服,带着管钳,在水枪的掩护下,接近装置,关上阀门,断绝气源;②导流泄压:若各流程管线完好,可通过出液管线、排污管线,将液态烃导入紧急事故罐,减少着火罐储量;③注水升浮:若泄漏发生在罐的底部或下部,利用已有或临时安装的管线向罐内注水,利用水与液化石油气的比重差,将液化石油气浮到裂口以上,使水从破裂口流出,再进行堵漏。为防止液化气从顶部安全阀排出,可以采取先倒液、再注水修复或边导液边注水的方法。

4.积极冷却,稳定燃烧,防止爆炸

组织足够的力量,将火势控制在一定范围内,用射流水冷却着火及邻近罐壁,并保护毗邻建筑物免受火势威胁,控制火势不再扩大蔓延。在未切断泄漏源的情况下,严禁熄灭已稳定燃烧的火焰。待温度降下之后,向稳定燃烧的火焰喷干粉,覆盖火焰,终止燃烧,达到灭火目的。

5.救援组织

可调集医院救护队、警察、武警等现场待命。

6.现场监测

随时用可燃气体检测仪监视检测警戒区内的气体浓度。

注意事项:尽可能远距离灭火或使用遥控水枪或水炮扑救;切勿对泄漏口或安全阀直接喷水,防止产生冰冻;安全阀发出声响或储罐变色时,立即撤离;切勿在卧式储罐两端停留。

三、几种情况下液化石油气事故的处置

(一)民用液化石油气事故的处置

1.民用液化石油气泄漏事故的处置

使用喷雾水枪,破拆开门、防止产生火星;无论是白天或晚上,都不得启闭电器开关;禁止使用非防爆照明和通信器材;关闭角阀或迅速实施堵漏措施;开启窗户通风对流;观察下风窗口的流向,做出安全评估和采取相关的告诫措施;门开启后可以停水,防止楼面和下层积水造成水渍损失。

2.民用液化石油气火灾事故的处置

向设置钢瓶位置的窗口内适量射水冷却;破门进入前作射水准备;破拆后利用掩蔽体射水;再逐步深入对钢瓶射水冷却;关闭角阀或迅速实施堵漏措施后立即撤出火区;将钢瓶放置于通风良好的开阔地并有人看管;无法堵漏的情况下应重新点燃,并使火焰处于下风;送灌装站抽出残液做最后处理。

(二)单位液化石油气泄漏事故处置

单位液化石油气发生泄漏后,应根据具体情况采取相应的措施。

火灾爆炸已经发生,火势已被自行扑灭的情况下,应急处理人员到场后,应迅速划出警戒区域,疏散现场无关人员,控制火源;消防人员穿着全棉内衣,做好全身防护,在水枪掩护下进入事故点,采取关阀堵漏;关闭阀门无效时,准备实施堵漏疏散处理,整个过程必须在水雾保护下进行。

如果已形成稳定燃烧,要注意冷却罐体,防止爆炸发生;在确认阀门有效的情况下,灭火实施关阀堵漏,无法堵漏时,在水雾掩护下实施止漏疏散处理。

(三)贮罐单位液化石油气泄漏事故处置

贮罐单位分两种:一是液化石油气使用单位,一般是几立方米至50 m³;二是液化石油气专业储存单位,有卧罐和球罐,罐多量大,消防设施完好。这种泄漏事故的处置十分复杂和危险,如判断不准、组织不严密、措施不到位,就会引发恶性伤害事故。应急处理指挥员应准确判断灾情,及时做出处置方式的安全评估。安全评估主要依据以下几点:充

分估算已经扩散的范围;向知情者了解泄漏口的大小和形式;事故罐的储量;风力大小及气压情况;下风和侧下风区域的情况。根据评估的结果一般应得出两种结论:一是可以实施堵漏作业;二是及早点火引燃,以避免更大的危险,然后再实施冷却、灭火、止漏。

1.可以实施止漏作业的条件

可以有效地疏散下风和侧下风区域的人员与车辆;可以断绝下风和侧下风的火种、用电设备等任何足以引爆的火种;可以控制泄漏量在估算的安全区域内。

止漏行动的具体部署和措施是:迅速实施警戒;疏散人员、车辆并断绝所有火种;单位消防控制中心处于上风时应及时启用喷淋系统;已经到场和增援途中的消防车应该遵循六个"坚持":坚持选择上风、侧上风方向的道路行驶;坚持停靠上风、侧上风方向的水源;坚持在明确总指挥意图后展开战斗;坚持选择上风或侧上风方向的通道铺设水带线路;坚持在上风、侧上风方向建立分水和水枪阵地;坚持在采取有效的安全防护条件下进入气体扩散区域实施堵漏作业。堵漏作业应事先充分估计到所用的器材一次到位;深入到气体扩散区域内的人员必须贴体穿着全棉衣服,戴上头罩和手套,外加防毒衣和空气呼吸器;作业人员应使用不发火工具,做防止产生静电和摩擦产生火星的各种可能性的预测;作业人员必须精干,并登记进入,根据用气量,规定返回时间;一旦进入危险区,有效实施梯队掩护,直至进入水喷淋区域;掩护水枪应从不同供水线路接出以防供水中断;贮罐单位都应配备堵漏作业器具,平时要进行熟练操作训练,应急处理人员应熟悉堵谝器具的使用方法,一般情况下,这种堵漏作业应与单位操作工共同实施;视具体的堵漏条件,一般情况下应防止人员冻伤,防止结冰将消防员的穿着冻结,这种情况也是十分危险的;堵漏任务完成后,要重视外溢气雾的流向,上风和侧上风方向应设置一定的水雾水枪予以控制和向上托起,使气雾有序朝下风或侧下风方向安全开阔地自然消散;明显的液化石油气气雾被驱散后,要对低洼处、下水道内等继续喷水,最后进行测爆,待确定安全后,才能解除警戒区域。救灾活动期间要对内部与外部的照相、摄像、电台、手机、照明使用者加强管理。

2.即时点火引燃的条件

即时点火引燃的条件:无法及时实施堵漏;无法有效地疏散下风和侧下同方向的人员;无法断绝下风和侧下风方向的火种;无法控制泄漏气体的扩散范围。

点火准备工作:将人员撤离至安全区;消防车辆与人员应集结在上风和侧上风区域并停靠水源;做好战斗展开的准备;明确各车辆供水形式与任务,包括水带铺设线路、向泄漏口火点及邻近罐实施冷却的分水阵地等;充分估算实际水源状况和冷却用水总量。即时点燃的方法:发信号弹;燃放烟花;投掷火种等方式。待形成稳定燃烧后,外围消防车可以向内移动,占领区域内的可用水源,充分冷却罐体,实施堵漏:①在压力较低的情况下可以直接灭火堵漏。②通过导流或火炬放空卸压后,在时机成熟后灭火堵漏。③保持稳定燃烧,待压力下降后再灭火堵漏。④堵漏过程中要注意安全防护。⑤事前应准备好点火棒,一旦冷却水流将火意外熄灭,应重新点燃。⑥堵漏结束后继续保持不间断水雾保护,直至将火扑灭后在堵漏过程中泄漏的液化气全部自然消散为止。⑦待测爆检查确认安全后逐步停止射水。⑧全部停水后检查止漏情况的完好情况。⑨检查事故罐和相邻罐的安全状况。

(四)槽车液化石油气泄漏事故处置

液化石油气汽车槽车储存部位主要有罐体、液面计、安全阀、阀门箱(包括气相阀、液相阀、紧急切断阀等),易泄漏部位有:密封部位由于密封材料腐蚀老化、螺栓松动、压力增高等原因产生泄漏;安全阀泄漏,即储罐压力超过安全许可值,导致安全阀起跳;管道、罐体腐蚀穿孔,出现泄漏;槽车运输途中发生交通事故,因撞击、罐体、管道出现裂纹,导致泄漏;装、卸过程中,因鹤管对接不正不牢或快速接头密封圈损坏,造成泄漏;槽车气相、液相阀门关不严出现泄漏。

一旦发生液化石油气槽车事故,公安消防部门要在地方党委政府的领导和各相关部门的密切配合下,根据不同事故现场的情况,采取正确、有力的战术措施,发挥消防部队装备和人员的优势,在抢险救援工作中发挥主力军作用,以最快的速度处理事故,尽快恢复交通和人民群众正常的生产生活秩序,把事故造成的损失和影响降到最低限度。

1.选择正确的起吊方法,起吊转移事故槽车

对于只是发生了交通事故而翻车或无法自行开走但没有发生液化石油气泄漏的槽车,消防部门要与事故单位及当地公安、交警等部门密切配合,采取有效的措施,尽快将事故车辆转移。

1)侦察检测,确认事故槽车的状况

消防部门到达现场后,在设置警戒的同时,要与事故单位有关人员一起对车辆的受损情况进行检查。使用可燃气体检测仪检测,以确认是否存在液化石油气泄漏的现象,特别要仔细检查罐体的阀门,进、出液口等处是否有变形、漏气的现象。

2)起吊转移事故槽车

在确认槽罐没有液化石油气泄漏后,现场指挥部要迅速研究制定起吊及转移事故槽车的方案,并及时调集吊车及相关设备,将事故槽车及时、安全地起吊并转移。一种方法是将底盘与罐体一同起吊,整体拖运。对经检查确认底盘没有严重变形仍能行驶的,可将车头与底盘及槽罐分离后,采用两条钢索牢固地捆扎于底盘的两端,采用两台吊车将底盘与槽罐一并起吊并拖离事故现场;另一种方法是将事故槽车的底盘与槽罐分别起吊。当事故槽车出现底盘与槽罐连接已不牢固或者底盘与槽车整体重量较大等原因而无法一次起吊时,必须将底盘与罐体分离后再分别起吊。

起吊过程中必须注意以下事项。

(1)正确选用吊车及钢索等设备。无论采用哪一种方法起吊,都必须使用有足够起吊能力的吊车及使用有足够承重能力的钢索,避免在起吊过程中钢索断裂或吊车发生故障,致使液化石油气槽罐受到强烈振荡或触及地面而造成液化石油气泄漏的危险发生。

(2)做好消防保护及应急准备措施。起吊过程中,必须安排消防水罐及泡沫车,做好灭火及冷却准备工作。要了解现场周围水源的情况,部署消防车在槽罐两侧的停车位置,布置好供水线路及水枪阵地,并配备必要的灭火器材。不能因为没有发生液化石油气泄漏就掉以轻心。

(3)搞好现场警戒工作,实行严格控制。虽然没有发生液化石油气泄漏,但要预计到发生意外的可能性,要在划定警戒范围的同时,严控无关人员和车辆进入警戒区,要通知警戒区内所有的村庄、居民灭掉明火,通知供电部门断绝电源,处于现场的手电要防爆,电台也要严禁使用。

2.采取有效措施,消除液化石油气泄漏事故

槽罐内的液化石油气一旦泄漏,如果处置不当,极易造成严重的灾难事故。因此,消防部门到达现场后,必须立即果断采取措施,有效控制泄漏及扩散。

1)严密警戒,禁绝火源

当泄漏的液化石油气尚未引起燃烧时,消防人员到达现场后,首先要了解风向,并迅速切断电源,消除一切火源,特别是当事故现场靠近村庄时,要挨家挨户地检查并浇灭生活火源,并要严防进入现场的各种车辆、人员的行动引发火星,事故车辆的电瓶要立即拆除以免产生电火花,尽最大努力避免引起液化石油气着火燃烧。在消除火源的同时,要用可燃气体检测仪检测气体浓度,以确定准确的警戒区域,并设立明显的标志,如果处于下风方向,警戒哨应设置得更远一些。严禁任何车辆、人员进入警戒区,以防带进火种,如在警戒区内有铁路,要立即与铁路部门取得联系,停止列车通行。要迅速将处在现场的无关人员疏散出警戒区。要定期对警戒区内侧附近的气体浓度进行检测并及时报告指挥部,以利于及时调整警戒范围。

2)切断气源,堵住泄漏

在设立了警戒区,疏散现场的无关人员后,消防人员要在事故车辆单位人员及工程技术人员的配合并确保有不间断的足够水雾保护的情况下,以最快的速度寻找和确定漏气点,并根据现场实际情况,选择采取以下有效措施,制止气体泄漏:专用堵漏设备、堵漏剂堵漏。当前一些堵漏设备生产厂家生产的专用堵漏设备,主要有堵漏剂堵漏和各种堵漏器具。在管道或罐壁上产生孔洞时,可采用木楔堵住泄漏口,制止泄漏。如果阀门或法兰泄漏时,可用麻袋片缠绕在漏气处,边缠边浇水,随浇随结冰,直至堵住为止。然而一旦外界温度升高,冰层融化,泄漏将会继续,因此,此方法只是暂缓泄漏。

3)降低浓度,驱散气雾,消除危险

为了消除气体爆炸的危险,必须采取有效措施,驱散及稀释气体。可以同时采用多支喷雾或开花水枪一起喷射形成一道水幕墙,并逐步地向前推进,驱赶气雾,使气雾不断扩散。由于泄漏的液化石油气易积聚

在低洼处,因此,要利用密集水流对泄漏地点的低洼处进行反复冲刷,直到其浓度低于爆炸下限为止。

3.缩小火灾范围或扑灭火灾,最大限度地减小火灾损失

当泄漏的液化石油气已经发生火灾事故时,要迅速采取各种有效措施,阻止火势蔓延,缩小火灾范围或扑灭火灾,严防爆炸事故的发生。

1)加强冷却,防止爆炸

要集中一定数量的水枪对起火罐进行高强度的冷却,防止起火罐罐体发生爆炸。

2)排除险情,确保稳定燃烧

燃烧的火焰一旦熄灭,但又不能及时堵漏时,会进一步形成大量的可燃蒸气,而且蒸气云的漂移难以预测,并有可能造成爆炸事故。必须在确保已完全实施对人、车的警戒,完全熄灭了警戒区内的一切火种以及能有效控制蒸气云的情况下,才能实施灭火作业。如果在以上条件尚未具备但由于风力等原因引起火焰熄灭时,要采取有效的点火措施,重新点燃火焰并保持稳定燃烧,以防爆炸事故的发生。

3)扑灭火灾,迅速堵漏

槽罐内的液化石油气一旦泄漏并已形成稳定燃烧的情况下,泄漏的液化石油气将很快被烧掉,对于这种燃烧,在做好充分的准备并有把握快速堵漏的情况下,可以实施灭火作业。当火灭掉后,要在水枪的掩护下,立即将孔洞堵住,以彻底消除液化石油气泄漏带来的危险。

4.扑救槽车火灾的注意事项

1)密切注意燃烧情况,防止爆炸造成人员伤亡

槽罐液化石油气一旦泄漏并引起燃烧,由于火焰的灼烤,罐体的温度和压力都将急剧上升,如因冷却水源不足,冷却不充分,有引起罐体爆炸的可能。根据有关资料,一旦出现火焰由橙黄色变白色,燃烧发出刺耳声响,罐体微抖,就是罐体将发生爆炸的征兆,如果确实无法堵漏,参战人员务必立即撤离,避免造成人员的伤亡。

2)禁止在槽罐两头部署兵力,降低参战人员的危险

液化石油气槽车大多使用卧式贮罐。根据资料显示,贮罐爆炸时,两个封头方向(即车头和车尾方向)承受的爆炸力和冲击波最大,一旦爆炸,从封头方向飞出的钢板及碎片有着巨大的杀伤力。因此,在布置兵

力时,一定要避开两个封头方向。

3)要采取严密措施,确保参战人员的安全

进入现场人员要身着隔热服,戴防毒面具,从上风或侧上风方向接近火场,要选择好地形地物掩蔽身体,人员的站位不得高于贮罐水平中心线之上,以免受贮罐爆炸的威胁。

4)根据火场情况,做好现场实时指挥

进入火场的人员要尽量精简,进入现场的消防车、指挥车等一切抢险车辆,必须车头朝向现场外并尽可能停在便于撤离的位置。要设立现场观察哨,现场指挥员要及时、准确地掌握火场的各种信息,监视风力和风向,根据火场情况的变化,一旦罐体出现爆炸征兆,要果断下达撤退命令。对于进入现场近距离实施堵漏及灭火作业的人员,要给予各战斗小组自行下达撤退命令的权力。不能害怕承担责任,盲目恋战,贻误时机,造成无谓的人员伤亡。

(五)装置区域液化石油气泄漏事故的处置

1.装置区域液化石油气泄漏事故处置方法的选择

装置区域发生液化石油气泄漏事故,与使用、运输单位相比较,具有以下有利条件:一是发现早;二是可以迅速开启水蒸气和水喷淋予以保护;三是四周一定范围内人员和火种能有效控制;四是可供消防用水量充足。因此,一般不采用点火引燃法,应以深入气雾区域关阀止漏为主。

2.装置区域火灾的最大威胁

装置区域发生液化石油气泄漏而引起火灾爆炸事故,国内外已屡见不鲜。

装置区域液化石油气火灾爆炸事故,最严重的危险情况是毗邻液化石油气储罐因高强辐射热而引爆,此时就有毁厂的危险。但只要球罐的水喷淋能正常动作,爆炸的可能性极小。

3.装置区域火灾扑救的安全评估

扑救装置区域液化石油气火灾爆炸事故,最重要的是对扑救安全作出评估,才能消除指战员的恐惧心理,这是参战部队最关注的问题。

(1)装置区域塔、釜、罐、管、机有高温高压,也有低温深冷,由于生产工艺连续性的要求,靠阀门控制,环环相连,都不是孤立的设施。

(2)石油化工装置都设置火炬放空,火灾时可以利用火炬泄压排放。

（3）已经爆炸燃烧的泄漏火点，等于是地上火炬，其作用大于火炬的泄压燃烧。

（4）工厂控制中心都有一套应急处置预案，在消防队到场之前，物料投放、转输等主要环节的阀门启闭方式已有控制中心遥控完成。

（5）装置本身是露天的，充足水量的冷却是最有效的保护方法。

（6）不能遥控应急启闭的阀门，需要水枪掩护下才能实施的，一般都是局部意义上的阀门，其目的是有利于控制灾情的发展。

因此，装置区城液化石油气火灾扑救，总体上自身安全还是可以保证的。

4.扑救装置区域火灾的基本条件

安全有效地扑救装置区域火灾，还取决于以下4个方面。

（1）充足合理的消防水源布局。

（2）与之相适应的消防车辆及器材装备。

（3）消防指挥员的指挥水平。

（4）良好的灭火技能和勇敢精神。

上述4个要素涉及规划设计、维护保养、装备配备标准、部队训练结构、人员素质的教育培养以及大量的调研准备等诸多方面。

5.装置区域火灾扑救的基本部署

（1）以快制快，以多制大，加强第一出动，及时调集增援力量。

（2）主管或先到中队在出水展开的同时，首先要利用固定水炮快速出水。

（3）按照火点下风、上方、毗邻的顺序逐一部署水枪力量。

（4）关键部位的水枪冷却不要存在盲区，并注意射流形式，以充分发挥每支水枪的冷却效能。

（5）冷却保护格局基本形成后，要同厂方工段长、班组长及时联系，确认所有阀门的启闭方式是否处于应急状态，需要调整启闭方式的应及时协助，全力以赴。

（6）当同时发生流淌液燃烧时应及时喷洒泡沫，并及时补充喷洒泡沫，防止因泡沫层破坏导致流淌液复燃而伤害一线战斗人员。

（7）高温辐射强、战斗条件十分艰苦、冷却时间长时，可设置固定水枪。

（8）通过火炬放空、转输、抽提、破拆保温层加快气化燃烧的同时，要重视内部压力和剩余量的估算，以确定冷却的最长时间，适时调整调防冷却力量。

（9）对火点泄漏口进行观察，公安、消防有经验的指挥员与厂方领导和专家应及时取得联系，对一旦扑灭后堵漏的可行性作出评估，待时机成熟时实施灭火堵漏。

（10）充分考虑长时间保持冷却稳定燃烧对装置生产和后续工艺的影响程度，对部队战斗力和承受能力作出评估，适时采取有效措施，调整、调防冷却力量。

6.关于装置区域液化石油气火灾堵漏措施的实施

（1）确定方案，达成共识。实施灭火堵漏措施，公安、消防指挥员一定要与厂方领导和专家共同研究，分析利弊，作出安全评估，确认堵漏可行性，拟定灭火堵漏方案，达成共识。以下分析3种堵漏方案的利弊。

第一，将数个火点全部扑灭。各小组实施全面堵漏。这种情况，堵漏过程中泄漏的气量最多，随着堵漏时间的延长，气体大量积聚，潜在危险因素增大，一旦发生爆燃，伤害十分严重。另一方面，泄漏点难找，着火时看得很清楚，扑灭后寻找泄漏点花费时间长，甚至会有错位的可能，这种方法不可取。

第二，从上风方向开始逐灭逐堵。第一个上风火点扑灭后，水雾必须全覆盖火点部位一定范围，同时将下风毗邻火点的火焰压住，才能直接堵漏。但是应该看到，在扑灭火势到裂口堵住的时间段内，会有气体溢出，遇下风明火引燃的可能性极大，极易伤害作业人员，因此，这种方法同样不可取。

第三，从下风开始逐灭逐堵。用水枪将上风火点压住，在两个火点之间形成隔离带，堵漏过程中虽有气体泄漏，但直接驱向下风不存在复燃的危险，因此，这是相对比较安全的灭火堵漏方案。

（2）充分准备堵漏器材，全面设想相关辅助设施。在水雾中堵漏难度很大，各种堵漏器材准备应针对火点开口大小和形式，分类准备、有序放置、按序取用。同时应充分考虑到在装置架空管道中堵漏的立足和安全保护，相关的辅助堵漏设施也应想方设法准备，争取一步到位。

（3）坚持安全第一的原则，确定灭火堵漏程序。当装置区域液化石油气火灾存在多个火点时,灭火堵漏难度较大。关键问题是堵漏过程中液化石油气泄漏量的估算,泄漏量越多,潜在的危险因素越大。因此,确定灭火堵漏程序必须坚持安全第一的原则。

(4)坚持全身型防护,严密组织堵漏人员。进入水雾中实施堵漏作业的人员,必须佩戴空气呼吸器,一定要坚持穿着全棉内衣,戴手套、头罩,以防外露皮肤意外烧伤。必须严密组织,人员要精干,没有任务的任何人都不容许滞留危险区域内。

(5)坚持全覆盖水雾保护,大范围立体式设防。全覆盖水雾的组织方法是:

①在上风、侧上风方向组织一定数量的直流水枪垂直射水,在风力的作用下,形成最大范围的水雾覆盖面,使堵漏区域和火点下风一定范围内形成高密度水雾区域。②对火点四周继续实施立体式冷却保护。③在下风、侧下风方向设置直流水枪,向火点方向上部射水,加大水雾区域密度,限制泄漏气体向下风方向漂移。④对堵漏人员直接进行雾状水保护(以不影响视线为原则)。⑤灭火和分割上风火点水枪的保护。

(6)统一指挥,全面监测。从第一个灭火堵漏点的选择,到扑灭火点、上风火点的控制、堵漏人员的进入、堵漏过程、全覆盖水雾保护的组织,都必须坚持统一指挥、分工负责。同时,必须在下风和侧下风不间断地进行测爆监情,以利对泄漏气体范围、浓度做到心中有数。

(7)继续射水保护,逐步开口收缩。堵漏作业完成后,一定时间内仍应继续喷水保护,使泄漏气体逐步自然消散,开口收缩的程序是下风水枪、侧下风水枪、侧上风水枪、内层立体式水枪,最后是上风垂直直流水枪。这种有序的水枪停水,可以从根本上保证将泄漏气体的潜在危险降到最低点。

(8)必须坚持上风和侧上风的原则。灭火堵漏是带有一定危险的战斗行动,所有车辆必须停靠于上风或侧上风一定范围内,保持相对的安全距离,严禁用车载炮射水,指挥部和相关人员应位于上风侧上风位置,无关人员一律不得进入,进入水雾区域人员都必须做好自身防护,以防不测,争取主动。

第三节 氰化物事故应急救援

氰化物是指含有氰基(—CN)的化合物。氰化物在工业活动或生活中的种类甚多,如氢氰酸、氰化钠、氰化钾、氰化锌、乙腈、丙烯腈等,一些天然植物果实中(像苦杏仁、白果)也含有氰化物。氰化物的用途很广泛,可用于提炼金银、金属淬火处理、电镀,还可用于生产染料、塑料、熏蒸剂或杀虫剂等。氰化物大多数属于剧毒或高毒类,可经人体皮肤、眼睛或胃肠道迅速吸收。

一、氰化物的种类及其毒性

氰化物根据与氰基(—CN)连接的元素或基团是有机物还是无机物分成两大类,即有机氰化物(腈类)和无机氰化物。无机氰化物按其性质与组成又分为简单氰化物和配合氰化物。

(一)氰化物对人的毒性

氰化物对温血动物和人的危害较大,特点是毒性大、作用快。氰基进入人体后便生成氰化氢,它的作用极为迅速,在含有很低质量浓度(0.005 mg/L)氰化氢空气中,很短时间就会引起人头痛、不适、心悸等症状;在高质量浓度(大于0.1 mg/L)氰化氢的空气中能使人在很短的时间内死亡;在中等质量浓度时,2~3 min内就会出现初期症状,大多数情况下,在1h内死亡。

氰化物刺激皮肤并能通过皮肤吸收,亦有生命危险。在高温下,特别是和刺激性气体混合而使皮肤血管扩张时,容易吸收氰化氢,所以更危险。氰化物对人的致死量从中毒病人的临床资料看,其平均致死量,氰化钠为150 mg,氰化钾为200 mg,氰化氢为100 mg左右;人一次服氢氰酸和氰化物的平均致死量为50~60 mg或0.7~3.5 mg/kg。总之,少量的氰化物就会致人死亡。

氰化物毒性的主要机理是,氰基进入人体后便生成氰化氢,氰化氢能迅速地被血浆吸收和输送,它能与铁、铜、硫以及某些在生存过程起重要作用的化合物中的关键成分相结合,抑制细胞色素氧化酶,使之不能吸收血液中的溶液氧。当这些酶不起作用时,就会导致细胞窒息和死亡。由于高级动物的中枢神经系统需氧量最大,因而受到的影响也最大,当供氧受到阻碍时,就会引起身体各主要器官活动停止和机体的死亡。

（二）氰化物对水生物的毒害

氰化物对水生物的毒性很大。当氰离子质量浓度为0.02~1.0 mg/L时（24 h内）,就会致鱼类死亡。氰化物对鱼类的毒性与环境有关,这是因为氰化物的毒性主要是由于氢氰酸的形成而产生的。pH值的变化能影响毒性。在碱性条件下,氰化物的毒性较弱,而pH值低于6时则毒性增大。另外,水中溶解氧的浓度也能影响氰化物的毒性。为了防止中毒,国家规定,渔业水体总氰化物质量浓度不得超过0.005 mg/L。

氰化物对其他水生物也有很大毒性。如氰化物质量浓度为3.4 mg/L时,48 h内可致水蚤亚目死亡;浮游生物和甲壳类对水中的氰化物的最大容许质量浓度为0.01 mg/L。

水中微生物可破坏低质量浓度（小于2 mg/L）的氰化物,使其成为无毒的简单物质,但要消耗水中溶解的氧,使生化需氧量减少,消化作用降低,还会产生一系列的水质问题。

（三）氰化物对植物的作用

灌溉水中氰化物的质量浓度在1 mg/L以下时,小麦、水稻生长发育正常;浓度为10 mg/L时,水稻开始受害,产量为对照组的78%,小麦受害不明显;质量浓度为50 mg/L时,水稻和小麦都明显受害,但水稻受害更为严重,产量仅为对照组的34.7%,小麦为对照组的63%。水培时氰化物的质量浓度为1 mg/L时,水稻生长发育开始受到影响;10 mg/L时,水稻生长明显受到抑制,产量比对照组低50%;为50 mg/L时,水稻大部分受害致死,少数残存植株已不能结果实。含氰废水污染严重的土地,果树产量降低,果实变小。另外,用含氰废水灌溉水稻、小麦和果树时,其果实中会含有一定量的氰化物。

二、氰化物的理化性质及危险特性

（一）氢氰酸的理化性质

1.氢氰酸的物理性质

氢氰酸为无色透明液体,易挥发,自聚,有苦杏仁味,能与水、乙醇、乙醚、甘油、氨、苯和氯仿等互溶。加热后在水中的溶解度降低。水溶液呈弱酸性。相对分子量为27.04，熔点为$-13.2℃$，沸点为25.79℃，液态相对密度为0.697（18℃，水=1），气态相对密度为0.93（空气=1）。闪点为$-17.8℃$，自燃点为537.8℃，爆炸极限为5.6%~40%（体积分数）。

2.氢氰酸的毒理作用

氢氰酸属高毒物质，主要通过氢氰酸根离子（CN^-）产生中毒作用。氢氰酸进入人体内后离解为氢氰酸根离子，可抑制42种酶的活性，能与氧化型细胞色素氧化酶的铁元素结合，阻止氧化酶中三价铁的还原，使细胞色素失去传递电子能力，使呼吸链中断，引起人体组织缺氧而中毒。被氢氰酸饱和的血液循环至静脉端仍呈动脉血颜色，氢氰酸中毒者的皮肤、黏膜呈樱桃红色。氢氰酸可经呼吸道、消化道，甚至皮肤吸收进入人体。

3.氢氰酸的化学性质

（1）氢氰酸与碱的反应。氢氰酸是一种极弱的酸，其酸性比碳酸还弱，可与氢氧化钠、氢氧化钾、氢氧化钙、碳酸钠、碳酸氢钠、磷酸二氢钠等碱溶液迅速发生中和反应。由于氢氰酸与碱反应生成的盐是不挥发性的，故中和反应对氢氰酸的防护、洗消都具有一定的实用意义。其水溶液仍然剧毒，因此对其流散范围一定要严加控制。

（2）氢氰酸与金属氧化物的反应。氧化铜、氧化银能与氢氰酸发生反应，反应生成的氰化铜、氰化银仍有毒性，但为不挥发固体，且性质稳定，其配合物则是无毒产物。氢氰酸防毒面具中的活性炭表面就涂有铜、银等金属的氧化物，对氢氰酸起化学吸附作用。当空气中氢氰酸的容量浓度为3 600 mg/m³时，使用过滤式防毒面具呼吸，在30 min内不会对人员的生命构成威胁。

（二）氢氰酸盐的理化性质

常见的氢氰酸盐有氰化钠、氰化钾、氰化锌、氰化铜等，氰化物均为剧毒品。现以氰化钠为例，说明氢氰酸盐的理化性质。

1.氰化钠的物理性质

氰化钠为白色结晶粉末，完全干时无味；易潮解，在潮湿空气中，因吸湿而稍有氯化氢气味（苦杏仁味）。分子量为49.01，相对密度为1.596，熔点为563.7℃，沸点为1 496℃。氰化钠易溶于水，微溶于乙醇，水溶液呈强碱性;在空气存在的条件下能溶解金和银,对铝有腐蚀性,本身不燃。

2.氰化钠的毒理作用

氰化钠的毒理作用与氢氰酸相同,人口服的致死剂量为1~2mg/kg。按照国家饮用水标准,水中氰化钠的容量浓度应低于0.05 mg/L,否则人畜不得饮用。

3.氰化钠的化学性质

氰化钠与酸或酸雾、水、水蒸气接触能产生有毒和易燃的氢氰酸,空气中的二氧化碳足以使其生成氢氰酸,它与亚硝酸盐或氯酸盐一起加热至450℃可发生爆炸。

(三)丙烯腈的理化性质

1.丙烯腈的物理性质

丙烯腈(也叫乙烯基氰)是一种无色易挥发的透明液体,味甜,微臭。能溶于丙酮、苯、四氯化碳、乙醚、乙醇等有机溶剂。微溶于水,水中溶解度为7.35%(质量分数,20℃),与水形成共沸混合物。

2.丙烯腈的化学性质

丙烯腈对铝、铜、青铜、铜合金有腐蚀性。丙烯腈易自聚,特别是在缺氧或暴露在可见光情况下,更易聚合,遇热可导致聚合放热失控。在浓碱存在下能强烈聚合。与强酸(如硝酸、硫酸)会起激烈性反应。燃烧或热分解时会产生氢氰酸、一氧化碳、氮氧化物等毒性气体。遇水能分解产生有毒气体。

3.丙烯腈的主要危害

1)火灾爆炸性

丙烯腈高度易燃,受热、遇明火或火花极易燃烧,与空气能形成爆炸性混合物;包装容器受热可发生爆炸。由于蒸汽比空气重,泄漏时易挥发有毒蒸气随风向沿地面扩散不易消散、毒气在低洼处滞留,遇火源极易燃烧,能形成爆炸的危险。燃烧后产生氰化氢、氮氧化物、二氧化碳、一氧化碳等有毒气体,对人体和环境有极大的危害。

2)对人体的毒害性

丙烯腈液体及蒸气有毒,在体内可分解出氯化氢,抑制呼吸酶,对呼吸中枢有直接麻醉作用,急性中毒表现与氢氰酸相似,对温血动物的毒性约为氰化氢的1/30,有刺激性。

丙烯腈可经由呼吸道、皮肤或误食而使人体中毒,早期中毒症状为眼睛肿痛、头晕、头痛甚至呕吐,引起神经系统、消化系统及皮肤黏膜等危害,在高浓度时产生意识不清及呼吸停止造成死亡。

三、氰化物的洗消

对氰化物泄漏引起的污染实施洗消时,原则上凡能使氰化物的毒性降低和消除的洗消药剂均可以使用。但在化学事故应急救援中,若有多种洗消剂可供选择时,一般应遵循"净、快、省、廉、易、安"的原则来实施,即:消毒效果要彻底,消毒速度要快,用量要少,价格要尽可能低廉,易于得到,在运输和储存过程中要具有较好的稳定性,并且洗消剂本身不会对人员和器材装备构成不安全因素。

根据氰化物污染对象的不同,可分为道路洗消、地面洗消、水域洗消、建(构)筑物洗消和器材装备与人员的洗消。对道路、地面、水域和建(构)筑物实施洗消时,由于洗消剂的用量较大,应尽可能选择容易得到、价格较为低廉的洗消剂,如三次氯酸钙合二氢氧化钙(三合二试剂)、漂白粉、硫酸亚铁、氯化铁等。对人员的洗消应尽可能选择刺激性较小的洗消剂,以最大限度地降低对人体的伤害,一般采用氯胺类或敌腐特灵洗消剂较为合适。当氯胺洗消剂或敌腐特灵洗消剂较为充足时,也可用于对器材装备的洗消。若使用腐蚀性较大的洗消剂对器材装备实施洗消,洗消完毕应用大量的清水进行冲洗,擦干后立即上油保养,以减轻洗消剂对器材装备的腐蚀。

四、氰化物中毒与治疗

(一)接触途径

氰化物可经呼吸道、皮肤和眼睛接触、食入等方式侵入人体。所有可吸入的氰化物均可经肺吸收。氰化物经皮肤、黏膜、眼结膜吸收后,会引起刺激,并出现中毒症状。大部分氰化物可立即经过胃肠道吸收。

(二)中毒症状

氰化物中毒者初期症状表现为面部潮红、心动过速、呼吸急促、头痛和头晕,然后出现焦虑、木僵、昏迷、窒息,进而出现阵发性强直性抽搐,最后出现心动过缓、血压骤降和死亡。急性吸入氯化氢气体,开始主要表现为眼、咽、喉黏膜等刺激症状,高浓度可立即致人死亡。经口误服氰化物后,开始主要表现为流涎、恶心、呕吐、头昏、前额痛、乏力、胸闷、心悸等,进而出现呼吸困难、神志不清或昏迷,严重者可出现抽筋、大小便失禁,最后死于呼吸麻痹。若大量摄入氯化物,可在数分钟内使呼吸和心跳停止,造成所谓"闪电型"中毒。

(三)应急处理

1.救援人员的个体防护

若怀疑救援现场存在氰化物,救援人员应当穿连衣式胶布防毒衣,戴橡胶耐油手套;呼吸道防护可使用空气呼吸器,若可能接触氰化物蒸气,应当佩戴自吸过滤式防毒面具(全面罩)。现场救援时,救援人员要防止中毒者受污染的皮肤或衣服二次污染自己。

2.病人救护

立即把中毒人员转移出污染区。检查中毒者呼吸是否停止,若无呼吸,可进行人工呼吸;若无脉搏,应立即进行心肺复苏。如有必要,应对中毒者提供纯氧和特效解毒剂。对中毒者进行复苏时要保证中毒者的呼吸道不被堵塞。如果中毒者呼吸窘迫,可进行气管插管。当中毒者的情况不能进行气管插管时,在条件许可的情况下可施行环甲软骨切开术。

3.病人去污

所有接触氰化物的人员都应进行去污操作。

(1)应尽快脱下(祛除)受污染的衣物,并放入双层塑料袋内,同时用大量清水冲洗皮肤和头发至少5 min,冲洗过程中应注意保护眼睛。

(2)若皮肤或眼睛接触氰化物,应当立即用大量清水或生理盐水冲洗5 min以上。若其戴有隐形眼镜且易取下,应当立即取下,困难时可向专业人员请求帮助。

(3)如果是口服中毒,应插胃管并尽快给服活性炭,洗胃液和呕吐物必须单独隔离存放。

4.解毒治疗

对中毒者应立即辅助通气、给纯氧,并作动脉血气分析,纠正代谢性酸中毒(pH <7.15时)。对轻度中毒者只需提供护理,对中度中毒或严重

中毒者,建议参考下列疗法:

(1)紧急疗法:在紧急情况下,施救者应首先将亚硝酸异戊酯1~2支(0.2~0.4 mL)放在手帕或纱布中压碎,放置在患者鼻孔处,吸入30 s,间隙30 s,如此重复2~3次。数分钟后可重复1次,总量不超过3支。亚硝酸异戊酯具有高度挥发性和可燃性,使用时不要靠近明火,同时注意防止挥发。施救人员应当避免吸入亚硝酸异戊酯,以防头晕。

(2)注射疗法:可选药剂为4-二甲氨基苯酚(4-DMAP,中国军事医学科学院提供)或亚硝酸钠疗法。

4-二甲氨基苯酚(4-DMAP)疗法:立即静脉注射2 mL 10%的4-DMAP,持续时间不少于5 min(用药期间检查血压,若血压下降,减缓注射速度)。

亚硝酸钠疗法:以3%亚硝酸钠10~15 mL静脉缓慢注射,速度以每分钟2~3 mL为宜。

在用过4-二甲氨基苯酚或亚硝酸钠后,再用同一针头以同样速度静脉注射25%硫代硫酸钠50 mL(推注10%硫代硫酸钠溶液的标准为100 mg/kg)。若在0.5~1 h内症状复发或未缓解,应重复注射,半量用药。

在使用上述药物的同时给氧,可提高药物的治疗效果。应注意对症治疗及防止脑水肿,可以静脉输入高渗葡萄糖和维生素C,也可以使用糖皮质激素,但不宜用美蓝。对于神智清醒但有症状的中毒者也可以使用硫代硫酸钠,但不应使用亚硝酸钠或4-二甲氨基苯酚疗法。

五、氰化物事故处置

(一)氰化物水上泄漏处置

氰化物泄漏入水后,首先应当分析其水溶性。绝大多数重金属无机氰化物难溶于水,例如氰化锌、氰化亚铜、氰化汞等;其他类氰化物大都易溶于水,例如氰化钠、氰化钾、氰化钙、氰化铵、氰化氢等。低分子量的有机氰化物(腈类)溶于水或微溶于水,例如乙腈能与水混溶,丙腈溶于水,丙烯腈微溶于水,但丁腈以上难溶于水。工业储存和运输过程中以碱金属盐类氰化物、丙烯腈等液态腈类较为常见,这类物质在水中大都能溶解,事故处理较艰难[①]。

在运输过程中,如氰化钠或丙烯腈在水体中泄漏或掉入水中,现场人员应在保护好自身安全的情况下,开展报警和伤员救护,及时采取以下措施。

1.现场控制与警戒

在消防或环保部门到达现场之前,如果已有有效的堵漏工具或措施,操作人员可在保证自身安全的前提下,进行堵漏操作,控制泄漏量。否则,现场人员应边等待当地消防队或专业应急处理队伍的到来,边负责事故现场区域警戒。

参照2000版《北美应急响应指南》,大量氰化钠(大于200 kg)在水中泄漏时,紧急隔离半径应不小于95 m。现场人员应根据氰化钠泄漏量、扩散情况以及所涉及的区域建立500~1 000 m左右的警戒区。应组织人员对沿河两岸或湖泊进行警戒,严禁取水、用水、捕捞等一切活动。

2.环境清理

根据现场实际,现场可沿河筑建拦河坝,防止受污染的河水下泄。然后向受污染的水体中投放大量生石灰或次氯酸钙等消毒品,中和氰根离子。如果污染严重的话,可在上游新开一条河道,让上游来的清洁水改走新河道。

微溶或不溶性腈类液体泄漏到水中时,对于密度比水大的(例如苯乙腈,相对密度为1.02),应当尽快采取措施,在河底或湖底位于泄漏地点的下游开挖收容沟或坑,同时在收容沟或坑的下游筑堤防止泄漏物向下游流动。对于密度比水小的(例如戊腈,相对密度为0.80),应尽快在泄漏水体的下游建堤、坝,拉过滤网或围漂浮栅栏,减小受污染的水体面积。

3.水质检测

检测人员定期检测水质,确定氰化物污染的范围,必要时扩大警戒范围。检测人员及现场处理人员应佩戴橡胶耐油防护手套。

(二)氰化物陆上泄漏处置

如发生氰化钠陆上泄漏,现场人员应在保护好自身安全的情况下,

---

① 曾玉花.浅谈液态氰化物应急事故处理的几点建议[J].资源节约与环境,2014(4):77.

开展报警和伤员救护,并及时采取以下措施。其他氢氰酸盐的陆上泄漏处置方法可参照氰化钠。

1.现场控制与警戒

在消防或环保部门到达现场之前,如果现场有有效的堵漏工具或措施,操作人员可在保障自身安全的前提下,进行堵漏操作,控制泄漏物的影响范围。人员进入现场时可使用自吸过滤式防毒面具。一定要禁止泄漏物流入水体、地下水管道或排洪沟等限制性空间。若处理工具有限或出于自身安全考虑,现场人员应边等待消防队或专业应急处理队伍到来,边负责现场区域警戒,禁止无关人员、车辆进入。

2.现场处理

少量泄漏时,应急人员可使用活性炭或其他惰性材料吸收,也可以用大量水冲洗,冲洗水稀释后放入废水系统。

大量泄漏时,可借助现场环境,通过挖坑、挖沟、围堵或引流等方式使泄漏物汇聚到低洼处并收容起来。也可根据现场实际情况,先用大量水冲洗泄漏物和泄漏地点,冲洗后的水溶液必须收集起来,集中处理。建议使用泥土、沙子作收容材料。可以使用抗溶性泡沫、泥土、沙子或塑料布、帆布覆盖,降低氰化物蒸气危害。喷雾状水或泡沫冷却和稀释蒸气,以保护现场人员。用防爆泵转移泄漏物至槽车或有盖的专用收集器内,回收或运至废物处理场所处置。

废水溶液的处理可采用碱性氯化法,其过程为先将含氰废水调整到pH值8.5~9,再加入氯离子氧化剂,使氰化物氧化分解。氯离子氧化剂可以是漂白液(主要成分为次氯酸钠),这种方法操作简单方便,处理后的废水含氰量很低。

对于受污染的包装物可直接用漂白液浸泡处理,检验合格后再进行焚烧、深埋。对于氰化钠包装物,不准再用于与食品行业有关的用途上。

(三)丙烯腈陆上泄漏处置

丙烯腈泄漏事故的特点是发生突然、扩散迅速、持续时间长、涉及面广,尤其是陆路运输泄漏事故,事故地点不确定,环境复杂,施救困难,若事故处于公共场所,往往会引起人们的慌乱。事故处置不当,会引起二次灾害,加重社会危害程度。应遵循"先控制,后处置和救人第一"的科学应急处置准则,即控制有毒区域和控制染毒人员,控制的同时实施侦检、监测、疏散救人、处置毒源。其处置程序为:接警、救人、控制、撤离等任务。其他腈类物质泄漏处置方法可参照丙烯腈。

1.接警,快速应战

要做到接警调度快、到达现场快、准备工作快、疏散人员快,正确采取措施,果断处置,以快制快。针对泄漏的类型,指挥部下达命令启动"应急预案",各责任部门立即从上风口或侧风口接近现场,进入临战状态。现场情况复杂,专业技术性强,并且在整个行动中每个环节都不是某一个部门能完成的,必须在统一领导下协同作战。

2.询情、检测、设现场指挥部

在污染范围不清的情况下,指挥部设在重度危害区外上风或侧风口的一定距离,保障调度指挥;相关部门及专家随同进入该区域,人员实施三级个体防护。同时用快速毒气检测器,初定上风口的指挥区域,随着检测和控制,指挥部再逐步向事故现场前移。

3.划定警戒区城

小量泄漏,应紧急封锁隔离泄漏液周围100 m内的范围。下风向防护距离白天为500 m,晚上为1 500 m;大量泄漏,应紧急封锁隔离泄漏液周围300m内的范围。下风向防护距离白天为2 000 m,晚上为7 000 m。具体措施如下。

(1)公安部门建立警戒区域并实行交通管制。其范围为上风向指挥区至下风向防护距离,划分为重危(隔离)区、轻危区、波及区和指挥区,分别在划分的区域设立标志和隔离带;严格控制各区域进出人员、车辆,并逐一登记。人员实施三级以上个体防护,无一级防护,不可直接穿越初始隔离的重危区。

(2)重危区侦检。消防特勤官兵和相关企业专业抢险队员进入重危区侦检,侦察队员实施一级个体防护;确认泄漏处的形状、流速及主要的流散方向,确定攻防路线、阵地、现场及周边污染情况。

(3)提供污染浓度和气象数据。环保部门和相关企业应急队员实施三级以上防护,分地段检测污染浓度,提供数据;有关部门负责提供气象数据。

(4)急救及其他供给的待命。卫生部门负责急救中毒人员;办公室负责调度公众疏散车辆、抢险车辆和有关物资;应急人员实施三级个体防护。

4.救人,紧急疏散

遵循"先救人、后堵漏、再灭火"战术原则,消防特勤官兵负责重危区救人;一旦接触丙烯腈应立即救护,将中毒者迅速撤离现场,转移到上风或侧风方向的无污染地区,立即给予解毒治疗,尽快送医院观察治疗;对呼吸困难的中毒人员,应立即给予吸氧送医院治疗。公安部门和相关部门负责紧急疏散轻危和波及区的公众,专人引导疏散人员,朝上风方向或侧风方向转移,千万不要顺风跑,不要在低洼处滞留;并在疏散或撤离的路线上设立哨位,在没有防毒面具的情况下,尽量用湿毛巾捂住口鼻。若波及相关工厂人员疏散时,相关企业应立即启动"应急预案",落实安全停车措施。

5.控制,处置泄漏

丙烯腈发生泄漏时,应立即用吸收材料吸收,防止流入水体,不得使用直流水扑救,用水灭火无效。进入重度危害区处理泄漏时,一般消防防护服对泄漏防护无效。若已形成扩散毒气云团,为确保紧急疏散公众的时间,消防车从上风方向喷雾水流,对泄漏出的有毒气体进行稀释或改变有毒蒸气云的流向、扩散速度。具体措施如下。

(1)就地堵漏和转移处置相结合。尽可能切断泄漏源,禁止接触或跨越泄漏物,作业时所有设备应接地,在保证安全的情况下堵漏。对少量丙烯腈泄漏,在泄漏物前方筑堤堵截,用硫酸亚铁或大苏打中和,或用砂土等吸附处理。丙烯腈罐车卸料开关阀门口或顶部罐口发生泄漏时,经临时处置后,轮转倒罐,转移到专门场所处置。需倒罐作业时,必须采取防爆措施,专人监护。若涉及化工生产系统,应果断采取工艺措施制止泄漏,并由技术员和熟练的操作工人实施。

(2)减轻剧毒品泄漏的毒害。参加事故处置的车辆应停于上风方向,消防车应在保障供水的前提下,从上风方向喷射开花或喷雾水流对泄漏出的有毒有害气体进行稀释、驱散;对泄漏的液体有害物质,可用沙袋或泥土筑堤拦截,或开挖沟坑导流、蓄积,还可向沟、坑内投入中和(消毒)剂,从而使有毒物改变性质,成为低毒或无毒的物质,还可以在消防车、洗消车水罐中加入中和剂(浓度比为5%左右),则驱散、稀释、中和的效果更好。

（3）自始至终严防爆炸,把握好灭火时机。当丙烯腈大量泄漏并在泄漏处稳定燃烧时,在制止泄漏没有绝对把握的情况下,不能盲目灭火。如果一次堵漏失败,再次堵漏需一定时间,应立即将泄漏处点燃,使其恢复稳定燃烧。如果确认泄漏口很大,根本无法堵漏,则需冷却着火容器,控制着火范围,一直到燃气燃尽,火势自动熄灭。密切注意各种危险征兆,遇有泄漏处火焰变亮耀眼、容器尖叫、晃动等爆裂征兆时,及时下达撤退命令。

6.撤离,清理现场

不间断地对泄漏区域进行定点与不定点的检测,及时掌握泄漏浓度和扩散范围,尤其是应急结束撤离前的检测,经检测确认无污染后,方可清理现场。少量残液,用砂土和炉渣等吸收无公害处置;大量残液,用泵抽吸或使用盛器收集处理;用喷雾水或洗消液等清扫现场及低洼、沟渠等处,对人员、车辆及器材进行洗消,确保不留残液。清点人员、车辆及器材;撤除警戒,做好移交,安全撤离。

第四节 苯系物事故应急救援

在甲苯二异氰酸酯(TDI)、甲撑二苯基二异氰酸酯(MDI)及其系列产品中,TDI的毒性、火灾爆炸的危险性最大。对MDI及其系列产品的事故处置方法可参照TDI。

一、关于甲苯二异氰酸酯的吸入毒性

甲苯二异氰酸酯(TDI)是制造聚氨酯泡沫塑料、弹性体、涂料、合成橡胶、黏合剂等的重要原料。

TDI的大鼠经口半数致死量为3 060mg/kg,大鼠吸入半数致死浓度为98. 96 mg/kg (4 h),兔经皮肤半数致死量大于19 g/kg。根据吸入毒性,属剧毒化学品,经口和经皮肤的毒性很低。

TDI的吸入毒性虽然很高,但由于沸点高,挥发性低,在生产环境和事故情况下却很少发生急性中毒事件。

同为异氰酸酯类的异氰酸甲酯(MIC),由于沸点较低(39.1 ~

40.1℃），易挥发。大鼠吸入半数致死浓度为 14 mg/m³（6 h）。

TDI 的职业危害主要是引起呼吸道炎症和支气管哮喘。TDI 是半抗原，在人体内与蛋白成分结合成为完全抗原，诱发变态反应。呼吸道具有高反应性的个体，反复吸入低浓度 TDI，就能诱发哮喘，人群中约有 5% 的人具有气道高反应性。

国际癌症研究机构将 TDI 划在 2B 组，对动物致癌，对人致癌的证据不充分。人对 TDI 的嗅阈为 0.35~3 mg/ m³；3~3.6 mg/m³ 对黏膜有刺激，27.8 mg/m³ 对眼和呼吸道严重刺激。美国将 TDI 的立即危及生命和健康的质量浓度（IDLH）定为 17.8 mg/ m³。在这样的质量浓度下，停留时间不得超过 30 min。

在常温下，TDI 泄漏不易造成大规模的急性中毒，在高温条件下则有可能发生急性中毒。

20℃时，异氰酸甲酯的蒸气压为 45.5 kPa，常温下开放空间饱和蒸气浓度是大鼠吸入半数致死浓度的数万倍。TDI 的吸入毒性和异氰酸甲酯相近，由于蒸气压低，常温下吸入中毒的可能性大大小于异氰酸甲酯。

二、泄漏到环境中的 TDI 的转归

异氰酸酯遇水迅速水解，经由氨基甲酸生成胺及二氧化碳，而胺又能与异氰酸酯进一步反应生成脲。

TDI 泄漏到干燥土壤中，不会从表面蒸发。泄漏到潮湿土壤中，很快和水起反应。经模拟泄漏试验表明：容器中 5 kg TDI 用 50 kg 沙土和 5 kg 水覆盖，然后在沙堆的顶部和底部取样测量未起反应的 TDI，表明：24 h 后 TDI 残留 5.5%，8 天后残留 3.5%，主要反应产物是聚脲。有报道，13 t TDI 泄漏到潮湿的森林土壤中，TDI 固化并用沙土覆盖，10 d 后，在土壤中可测到 TDI 和甲苯二胺，其浓度为千分之几。与泄漏点相连的小溪未测到 TDI。泄漏后 12 w，土壤中的浓度降为百万分之几。仅在泄漏处深 1 m 的土中测到 TDI 的衍生物聚脲。可见 TDI 不会经地面渗滤，也不被土壤吸附。TDI 泄漏到静止水中，会在液态 TDI 的四周形成包壳，35 d 后残留的 TDI 小于 0.5%。

TDI 蒸气泄放至大气中，与光化学产物羟基反应而降解，半衰期为 2.7 d。TDI 蒸气和大气中的水分接触，也能发生降解。

三、TDI 去污和废物处置

TDI 泄漏污染可选用下列洗消液去污。

(1) 4%~8% 氢氧化铵加 1%~2% 洗沽液,再加 90%~95% 水。

(2) 20% 非离子型表面活性剂加入 80% 水。

TDI 和上述洗消液反应生成聚脲。

泄漏的 TDI 先用锯屑、蛭石或土吸收,再收集至容器中,1 份洗消材料加入 2 份洗消液,密封,然后按规定做废弃处置。

四、燃烧及爆炸危害

TDI 在氧气存在并且遇高温和明火时可燃;若火势强烈可引起密闭包装物爆炸;热的物料能够与水强烈反应,放出有害气体。

虽然常温下 TDI 不易气化,但在着火的条件下,会释放出刺激性有毒的异氰酸酯蒸汽及其他的有毒烟雾。因此,扑救人员必须穿戴经检验合格的正压自供式呼吸器和全套防护服,包括防护鞋(靴),头盔和手套;疏散下风头人员[1]。

灭火介质可采用二氧化碳、泡沫或干粉灭火器灭火。

人员远离气体(烟雾)聚集的低洼地;不可用直射水流灭火,以免火势蔓延。当无其他灭火剂时,可采用大量的雾状水喷洒。水与 TDI 的反应在温度较高及搅动的情况下会非常激烈。

喷洒水时,应注意切勿将洒落的 TDI 的范围扩大。火势一旦扑灭,应立即将洒落的 TDI 清理干净。切勿将污染、进水的容器再次密封,以防发生化学反应生成的二氧化碳造成压力升高、爆裂。

第五节 电石事故应急救援

一、电石的主要性质和危险特性

(一)电石的主要性质

电石(又名碳化钙)是重要的基本化学品,主要用于生产乙炔气,也

---

[1] 冯智勤,崔上上.对一起苯及苯系物中毒事故的反思[J].中国城乡企业卫生,2010 (6):85-86.

用于有机合成、氧炔焊接等。为灰色、黄褐色或黑色块状物,含碳化钙较高的呈紫色。碳化钙新断裂面有光泽,暴露在空气中因吸收水分失去光泽呈灰白色。其结晶断面为紫色或灰色,工业品中往往含有磷和硫等杂质。分子式为CaC_2,分子量为64.10,相对密度为2.22(18℃),工业品一般含电石80%。熔点为2 300℃。能导电,纯度越高,越易导电。

电石化学性质非常活泼,能与许多气体、溶液在适当温度下发生反应。遇水激烈分解产生乙炔和氢氧化钙,并放出大量的热。与氯、氯化氢、硫磷、乙醇等在高温下均能发生激烈的化学反应。

电石属遇湿易燃物品,工业电石遇水作用除产生大量的乙炔(C_2H_2),爆炸极限为(2.5% ~82%)外,还生成少量剧毒气体磷化氢(PH_3)和硫化氢(H_2S),当pH含量超过0.08%,H_2S含量超过0.15%时,容易引起自燃爆炸,从而引燃、引爆C_2H_2气体;电石遇水或与潮湿空气作用分解出C_2H_2气体,当受到撞击、摩擦、振动或接触明火、高热时也极易引起燃烧爆炸。

(二)电石的危险特性

1.燃烧爆炸性

干燥时不燃,遇水或湿气能迅速产生高度易燃的乙炔气体,在空气中达到一定的浓度时,可发生爆炸性灾害。与酸类物质能发生剧烈反应。燃烧(分解)产物为乙炔、一氧化碳、二氧化碳。

2.健康危害

侵入途径为吸入、食入、皮肤接触。电石粉末有刺激性,触及皮肤上的汗液生成氢氧化钙,灼伤皮肤,引起皮肤瘙痒、炎症、"鸟眼"样溃疡、黑皮病。皮肤灼伤表现为创面长期不愈及慢性溃疡型。接触工人出现汗少、牙釉质损害、龋齿发病率增高。

二、电石事故处置

(一)泄漏处置

隔离泄漏污染区,限制出入。切断火源。应急处置人员戴自给式空气呼吸器,穿消防防护服,戴橡胶手套。不要直接接触泄漏物。发生小量泄漏时,用干砂土、水泥粉、干燥石灰或苏打灰混合,使用无火花工具收集于干燥、洁净、有盖的容器中,转移至安全场所。发生大量泄漏时,用塑料布、帆布覆盖,减少飞散;与有关技术部门联系,确定清除方法[①]。

(二)灭火方法

在电石遇水或潮湿空气发生火灾时,禁止用水或泡沫灭火,二氧化碳也无效。须用干燥石墨粉或干粉、水泥粉、干黄砂灭火。当大量电石大面积遇水燃烧时,用上述灭火剂扑救有时也难以奏效,必须采取特殊的处置方法,消除危害。

(三)急救措施

皮肤接触:立即脱去被污染的衣着,用大量流动清水冲洗,至少15 min。就医。

眼睛接触:立即提起眼睑,用大量流动清水或生理盐水彻底冲洗至少15 min。就医。

吸入:迅速脱离现场至空气新鲜处。保持呼吸道通畅。如呼吸困难,给输氧。如呼吸停止,立即进行人工呼吸。就医。

食入:饮足量温水,催吐,就医。

第六节 硫酸事故应急救援

硫酸(H_2SO_4)主要用于制造硫酸铵、过磷酸钙等化学肥料,占硫酸总消耗量的65%以上。其次用于制磷酸、氢氟酸、铬酸、硼酸等无机酸及硫酸铝、硫酸锌、硫酸铜、硫酸镍、硫酸亚铁等硫酸盐产品;也用于生产磷酸三钠、磷酸氢二钠等无机盐产品。在有机化工生产中用于酸化、磺化、脱水、催化等方面,以生产草酸、柠檬酸、甲酸、苯酚(磺化法)、间苯二酚、对苯二酚、乙酸乙酯等。染料及中间体生产中所用原料苯、萘、蒽等芳烃,在生产过程中需要进行磺化、缩合等反应时,需要消耗大量硫酸。还用于有色金属冶炼、钢铁酸洗。颜料工业用于硫酸法生产二氧化钛、立德粉等。农药工业中浓硫酸用于制造农药的主要原料二氯乙醛。在塑料和树脂工业中硫酸用于生产环氧树脂、聚碳酸酯的原料双酚A和离子交

---

① 白孝荣,高刚.密闭电石炉电极事故原因及处理[J].中国金属通报,2021(16):257-258.

换树脂的原料氯甲醇,以及有机玻璃的单体甲基丙烯酸甲酯等。医药工业中硫酸用于生产水杨酸、呋哺西林、对硝基氯苯等。合成洗涤剂工业中硫酸用于生产烷基苯磺酸钠、三聚磷酸钠。印染工业中硫酸用于棉布退浆、棉布漂白后酸洗,中和棉布丝光后的碱质及作靛蓝染料的显色剂。此外,硫酸还用于石油精炼和石油化工生产。国防军工中硫酸用于生产黄色炸药。

一、硫酸的理化性质及危险特性

硫酸纯品是无色、无臭、透明的油状液体,呈强酸性。市售的工业硫酸为无色至微黄色甚至红棕色。分子量为98.08,液体相对密度(水=1):98%硫酸为1.8365(20℃),93%硫酸为1.8276(20℃),气体相对密度(空气=1)为3.4,熔点为10.35℃,沸点为338℃,蒸汽压为0.13 kPa(145.8℃)。

浓硫酸具有很强的吸水能力,与水可以按不同比例混合,并放出大量的热。为无机强酸,有强烈的腐蚀性及氧化性。化学性很活泼,几乎能与所有金属及其氧化物、氢氧化物反应生成硫酸盐,还能和其他无机酸的盐类作用。与许多物质,特别是木屑、稻草、纸张等接触猛烈反应,放出高热,并可引起燃烧。在稀释硫酸时,只能注酸入水,切不可注水入酸,以防酸液表面局部过热而发生爆炸喷酸事故。浓度低于76%的硫酸与金属反应会放出氢气。

发烟硫酸($H_2SO_4 \cdot xSO_3$)为无色或棕色油状稠厚的发烟液体。有强刺激性臭味。吸水性很强,与水可以任何比例混合,并放出大量稀释热,操作时应注酸入水。结晶温度:20%发烟硫酸为2.5℃,65%发烟硫酸为-0.35℃。腐蚀性和氧化性比普通硫酸强。

二、硫酸的中毒与急救

(一)中毒症状

硫酸对呼吸道黏膜有刺激和烧灼作用,能损害肺脏。溅到皮肤上引起严重的烧伤。硫酸气溶胶比二氧化硫有更明显的毒性作用。

(二)急救措施

吸入中毒者,应迅速脱离中毒现场移至上风向新鲜空气处,松解患者颈、胸钮和裤带,保持呼吸道通畅,并注意保暖,如出现呼吸道黏膜刺激症状时,给予2%~4%碳酸氢钠溶液雾化吸入,饮含有苏打和矿泉水的热牛奶;咳嗽时应给可待因、盐酸乙基吗啡,及时送医院治疗。

皮肤接触者,应立即脱离现场,祛除污染衣物,应立即用大量清水冲洗,接着用2%苏打溶液冲洗;如溅入眼睛,应立即用清水冲洗,再用2%硼酸溶液冲洗,及时送医院治疗。

经口中毒者,不可催吐,给牛奶、蛋清、植物油等口服,及时送医院治疗。

中毒引起呼吸、心脏停止的人员,可用苏生器苏生抢救,及时送医院治疗。硫酸雾的最高容许质量浓度为 1 mg/m³。急性中毒表现和急救原则,可参照硝酸中毒。

三、硫酸事故处置

(一)个人防护

佩戴过滤式防毒面具、滤毒罐进行防护,接触高浓度硫酸要佩戴氧气呼吸器或空气呼吸器进行防护。防止皮肤灼伤穿连身式防毒衣进行防护①。

(二)灭火

采取转移、拉开间距等疏散措施,尽可能使燃烧物与周围物品隔离;用水泥粉、砂土、干粉、炉渣等扑灭,然后及时用铁铲、拖车等将泄漏物转至安全地带掩埋或作无公害处理。

(三)泄漏处置

应立即设法控制泄漏范围,在确保安全的情况下堵漏,并迅速清理周围的可燃物,防止相互接触剧烈反应而燃烧;少量泄漏在室内用水泥粉、砂土、干燥石灰、苏打灰或炉渣混合,然后收集运至废物处理场所处理,在室外可用大量喷雾水稀释,经充分稀释后放入废水系统。

---

①何同庆.浅析硫酸生产中可能发生的危险化学品事故及后果计算[J].绿色环保建材,2018(8):184,186.

第七节 液氯事故应急救援

液氯一般经气化后使用,用于纺织品和造纸的漂白;冶金工业用于生产金属钛、镁等;化学工业用于生产次氯酸钠、三氯化铝、三氯化铁、漂白粉、溴素、三氯化磷等无机化工产品,还用于生产有机氯化物,如氯乙酸、环氧氯丙烷、一氯代苯等,也用于生产氯丁橡胶、塑料及增塑剂;日用化学工业用于生产合成洗涤剂原料烷基磺酸钠和烷基苯磺酸钠等;农药工业用作生产高效杀虫剂、杀菌剂、除草剂、植物生长刺激剂的原料;还用于自来水的消毒、净化。

一、氯气的理化性质及危险特性

氯气在室温下为黄绿色气体,具有窒息的气味,有强烈刺激臭和腐蚀性。加压液化或冷冻液化后,为黄绿色油状液体。1 kg 液氯气化后得到 300 L 氯气。

氯气易溶于二硫化碳和四氯化碳等有机溶剂,微溶于水。溶于水后,生成次氯酸($HClO$)和盐酸,不稳定的次氯酸迅速分解生成活性氧自由基,因此,水会加强氯的氧化作用和腐蚀作用。氯气能和碱液(如氢氧化钠和氢氧化钾溶液)发生反应,生成氯化物和次氯酸盐。氯气在高温下与一氧化碳作用,生成毒性更大的碳酰氯(光气)。氯气性质很活泼,虽不自燃,但可以助燃,在日光下与其他易燃气体混合时会发生燃烧和爆炸,可以和大多数元素或化合物起反应。氯气能与可燃气体形成爆炸性混合物,液氯与许多有机物,如烃、醇、醚、氢气等发生爆炸性反应。

氯气为剧毒的危险化学品,一旦泄漏,对人的生命安全和周围环境影响巨大,最高容许质量浓度(maximum allowable concentration,MAC)为 1 mg/m³。氯气的主要危害有以下几种。

(一)中毒性危害

在危险化学品分类中,氯气属于有毒气体。氯气易造成人员中毒,具有强刺激性。氯气出现泄漏会通过人的口、鼻、皮肤毛细孔侵入人体造成中毒,对眼、呼吸道黏膜有刺激作用,尤其在风力比较大的情况下,有毒气体会顺风扩散到很远,使周围地区的广"大群众受到严重威胁。吸入5~10 min氯气的致死质量分数为0.09%,吸入0.5~1 h致死的氯气质量分数为0.0035%~0.005%,吸入0.5~1 h致重病的氯气质量分数为0.001 4%~0.002 1%。皮肤接触液氯或高浓度氯,在暴露部位可引起灼伤或急性皮炎。长期低浓度接触,可引起慢性支气管炎、支气管哮喘等,而且可引起职业性痤疮及牙齿酸蚀症。氯气在高温下与一氧化碳作用,生成毒性更强的光气。

(二)腐蚀性危害

氯气有腐蚀作用,可以腐蚀皮肤、衣服,它几乎对金属和非金属都有腐蚀作用。

(三)燃爆性危害

氯气在空气中不能燃烧,但能助燃。一般来说,可燃物和易燃物都能在氯气中燃烧,易燃气体或蒸气能与氯气形成爆炸性混合物。在一定条件下,乙炔、松节油、乙醚、氨、燃料蒸气、烃类、氢气、金属粉末等与液氯接触或混合后会发生爆炸。过量的氯与氨水、铵盐或含有可水解出氨基衍生物的化合物接触时,会生成极不稳定的三氯化氮。隔膜电解法生产氯气的工艺中,精制后的食盐水中痕量铵根离子会导致三氯化氮的生成,一般工艺过程中控制三氯化氮的质量浓度为60 g/L。三氯化氮受热至60℃以上或受撞击和光照时,容易发生爆炸。在浓氨水、砷、四氧化二氮、硫化氢、有机物、磷化氢、磷、氰化钾、氢氧化钠溶液、硒和四种氢卤酸等物质的引发下,三氯化氮均会发生剧烈爆炸。

(四)环境危害

氯气一旦泄漏,对环境有严重危害,可污染水体、大气、土壤。

(五)泄漏事故处理困难

有毒气体泄漏往往是由于管道及容器破裂、阀门接管折断、阀门填料老化、法兰面垫片失效等所致,处置难度较大。

1.堵漏难度大

管道或储罐破裂开口不规则,加之所处环境条件也不同,采取堵塞漏洞的措施方法难以实施。

2.消除溢出有毒气体的技术措施难

由于氯气密度远大于空气,其在空气中扩散属于重气云扩散,气云受到方向向下的重力作用,趋向于在靠近地面的空间扩散,其大鼠吸入半数致死质量浓度为 850 mg/m³(1h),给周围群众和排险人员带来严重威胁。因泄漏所处地点不同,采取化学中和反应的措施消除毒源有一定的困难。

3.消防官兵行动不便

参战官兵深入毒区排险,必须着防毒衣,佩戴空气呼吸器,行动不便,如空气呼吸器面罩系不紧或防毒衣穿着不严密,会造成中毒危险。

二、氯气事故处置

(一)氯气泄漏事故发生的原因

近年来的统计结果表明,引起氯气泄漏事故发生的主要原因有以下方面。

(1)违章操作。在氯气的生产、储存、运输、使用环节中,没有遵守安全操作规程的有关规定。

(2)钢瓶的质量问题,设备维修更新不及时。

(3)在气瓶储存区,对装有氯气的实瓶以及未灌装的空瓶存放混乱,未按不同区域进行分开存放。

(4)对废弃的液氯钢瓶疏于管理,废品收购人员私自拆卸液氯罐和倾倒残液。

(5)人为的破坏。

(二)氯气泄漏的处置

处置氯气泄漏事故是十分复杂和艰巨的排险救援行动,在掌握毒气泄漏情况及风向风速、地形与周围环境的基础上,采取行之有效的措施,确保万无一失。

1.划定警戒区

一般的,小量氯气泄漏的初始隔离半径为 150 m,大量泄漏的初始隔离半径为 450 m。

消防人员还要根据当时的风速、风向、地形以及建筑物的状况,依据便携式氯气气体监测仪检测结果随时调整警戒区的范围。在警戒区设置标识牌,并设立警戒人员,禁止车辆及与事故处置无关的人员进入①。

2.疏散救人、侦察

消防人员要根据毒气泄漏扩散的范围,对警戒区内的人员进行疏散,在没有防毒面具或空气呼吸器的情况下,可用湿毛巾捂住眼睛和嘴,顶风撤离到上风和侧风方向。对已中毒人员,在救出危险区后,输氧并及时送往医院治疗;对在泄漏源中心的严重中毒者,消防人员要佩戴正压自给式空气呼吸器、着防毒衣(防化服),组成救援小组,迅速深入毒区将中毒人员抢救出来并送往医院抢救治疗。

在抢救、疏散人员的同时,消防人员要通过知情人,了解掌握泄漏点的工艺装置或事故点的泄漏情况、地理环境等。在组成侦察小组在加强自我保护措施的前提下,深入毒区查明泄漏点的装置、管道或储罐的损坏情况,以便采取相应的排险措施。

3.堵漏排险

消防人员到达事故现场后,消防车要停在上风向60~100 m处,根据侦察得到的情况,与单位技术人员共同研究制定处置方法,并与工程技术人员密切配合,采取有效措施,排除险情,防止事态扩大。泄漏现场应去除或消除所有可燃和易燃物质,所使用的工具严禁粘有油污,防止发生爆炸事故。

1)生产装置泄漏处置

生产工艺过程中的设备和装置在发生氯气泄漏时,应首先做好停车时的应急操作,并隔离发生泄漏的单元,防止泄漏的氯气和易燃气体形成爆炸性混合物,空气中应喷稀碱液吸收泄漏的氯气,防止其扩散。构筑围堤或挖坑收容所产生的大量废水。液氯储罐发生泄漏后应及时进行倒罐操作。

发现管道泄漏时,应立即排压抽空,用管卡子堵漏。若送氯管泄漏,应立即停止提压,将贮槽压力排至空槽;若下液管泄漏,应立即用木塞或管夹堵漏,在处理无效的情况下,倒冷冻槽,抽空后做补焊处理;若包装安装管接头泄氯,应立即关闭钢瓶嘴和主装阀,检查胶垫和卡子,重新安装。

对装置泄漏,可采取关阀断源措施,如阀门损坏,可在关闭有关阀门

---

①吕基旺.化工企业液氯泄漏事故应急处置方法对策[J].科技风,2011(21):95.

断源后,换阀或直接更换损坏阀门等措施排除险情。

如管道断裂、阀门损坏,在无条件关阀换阀的情况下,可用木塞或随车充气堵漏塞、充气堵漏包扎带,实施堵塞漏洞,排除险情。

储罐、容器壁壁破裂发生泄漏时,无法堵漏,可采用疏导方法将液氯转移到其他容器或储罐。

2)液氯钢瓶泄漏处置

首先做好个体防护,发现钢瓶泄漏时,应迅速把漏气部位向上放置,不可向下放置,切忌用手直接接触漏气部位,防止冻伤,并迅速用铅丝等堵漏和启用碱液装置吸收氯气。严禁在泄漏的液氯钢瓶上喷水。可以将泄漏的液氯钢瓶转移至-35℃左右的冷库中,更换瓶阀。如果瓶体因锈蚀等原因发生泄漏,可将液氯钢瓶整体投入碱液池,彻底消除氯气带来的危害。碱液池应足够大,碱量一般为理论消耗量的1.5倍。同时,应实时检测空气中的氯气含量,当氯气含最超标时,可喷雾状稀碱液吸收空气中的氯气,防止氯气扩散。

3)槽车泄漏处置

(1)倒罐转移。储罐、容器壁破裂发生泄漏无法堵漏时,可采用疏导方法将液氯转移到其他容器或储罐。倒罐时必须按程序进行,严格遵守有关安全规定,要由有经验的人员进行操作。

(2)化学中和。当储罐、容器壁破裂发生小量泄漏时,可采用化学中和方法,即在消防车水罐中加入苏打粉等碱性物质向罐体容器喷射;也可将泄漏的液氯导入碳酸钠溶液,中和而形成无危害的废水。

(3)稀释降毒。以泄漏为中心,在储罐、容器的四周设置水幕或喷雾水枪喷射雾状水进行稀释降毒,但不宜喷射直流水。

(4)浸泡水解。运输途中,体积较小的液氯钢瓶阀门损坏而发生泄漏时,可首先采用堵漏工具制止外泄,也可将钢瓶浸入氢氧化钙等碱性溶液中进行中和。

(5)器具堵漏。管道壁发生泄漏,且泄漏点处在阀门以前或阀门损坏,不能关阀止漏时,可使用不同形状的堵漏垫、堵漏楔、堵漏袋等器具实施封堵。堵漏作业面不易操作时,可采取清理泄漏口周围、起吊等办法解决。

(6)起吊运送。实施堵漏后,确定无泄漏时,对翻倒的槽车进行起吊。起吊后在消防车的监护下,选择人员较少的公路,运至预定地点。

4.化学反应排险

在无法采用措施堵漏排险的特定环境条件下,可将泄漏的储罐(瓶)侵入过量的石灰乳水池中进行中和反应,生成物化学性质稳定,都溶于水,且无毒、无挥发性等,采用此办法切实可行。

5.用开花、喷雾射流稀释驱散

消防人员到场查明情况实施抢险时,首先要出开花或喷雾水枪对泄漏点周围进行稀释、驱散沉积飘浮的氯气,不准使用直流水枪。稀释的部位主要是泄漏口上部和气体积沉严重的地方。水枪的数量可根据泄漏量来确定。泄漏量大、压力大时可采用立体交叉喷射的办法。稀释时必须保证不间断供水,降低危险区的氯气浓度,尽力为侦察、排险人员创造有利条件。对已接近泄漏完的装置、储罐区,要用数支喷雾水枪进行往复式喷雾稀释驱散氯气,排除对事故区周边群众的危害。出水枪的消防车,要停在泄漏点上风方向100m外进行长距离铺设供水线路,以防驾驶员和战斗人员中毒。对稀释后的水流经过的区域,要责成环保部门进行检测,可采取筑堤等办法控制在一定范围,防止造成次生灾害。

6.洗消

氯气泄漏后必须进行认真全面的洗消。根据氯气的特性,可用化学消毒法,如氨水($NH_3 \cdot H_2O$)、消石灰溶液($Ca(OH)_2$)等碱性溶液喷洒在染毒区域或受污染物表面,使氯气与其发生化学反应,成为无毒物质或低毒物质。洗消的对象主要是参加抢险救援现场人员、器材装备、路面、低洼、沟渠等处。洗消污水的排放必须经过环保部门的检测,以防造成次生灾害。处置结束时,要做好移交,安全撤离。

(三)燃烧爆炸处置

氯气和烃类燃料气、氢气混合发生燃烧或爆炸后的产物一般为氯化氢以及反应过量的氯气。因此,消防人员必须佩戴正压式空气呼吸器,穿全身防火、防毒服,在上风向灭火。采取措施进行堵漏或其他方式切断气源,喷水冷却容器。如果可能,应将容器从火场移至空旷处。灭火剂为水、泡沫或干粉。

泄漏并扩散到空气中的氯气,应按照氯气泄漏处置方法进行处理,防止氯气中毒。

三、氯气中毒与急救

（一）毒理学

氯气的大鼠吸入半数致死质量浓度为 850 mg/m³（1 h），小鼠吸入半数致死质量浓度为 397 mg/m³（1 h），人吸入最低致死为 1 450 mg/m³（5min）。化学物即刻致人生命或健康危险的质量浓度为 29 mg/m³。人体对氯的嗅阈为 0.06 mg/m³；90 mg/m³ 可致剧咳；120~180 mg/m³，30~60 min 可引起中毒性肺炎和肺水肿；300 mg/m³ 时，可造成致命损害。

氯气是一种强烈的刺激性气体，经呼吸道吸入时，与呼吸道黏膜表面水分接触，产生盐酸、次氯酸，次氯酸再分解为盐酸和新生态氧，产生局部刺激和腐蚀作用。新生态氧的氧化作用较盐酸强，是有活力的原浆毒。次氯酸也具有明显的生物学活性，它可破坏细胞膜的完整性和通透性，进入细胞，直接与细胞浆蛋白质反应，引起组织炎性水肿、充血甚至坏死。由于肺泡壁毛细血管通透性增加，大量浆液渗透到肺间质与肺泡，形成肺水肿。此外，氯气也能被人体直接吸收而引起中毒作用，如高浓度氯吸入后，可引起迷走神经反射性心跳停止或喉头痉挛而出现猝死。氯气主要作用于支气管和细支气管，也可作用于肺泡引起肺水肿。

氯中毒死亡的病理改变。数分钟内猝死的病例可见气管、支气管黏膜干枯，呈白色毛玻璃状，肺脏缩小、干枯或呈黄褐色。显微镜下检查见凝固性坏死、肺泡出血、肺水肿，心脏扩大。数小时至 3 d 死亡的病例可见支气管黏膜坏死脱落，小支气管可被坏死脱落的黏膜堵塞。黏膜下组织水肿、充血、点片状充血。肺脏扩大、重量增加，可见肺水肿伴肺不张、肺气肿、肺出血，并有嗜酸性透明膜形成，毛细血管充血或血栓形成。这种变化最终导致通气障碍及肺弥散功能障碍。由于肺泡血流不能充分氧合，肺静、动脉分流，产生低氧血症，致使心脑、肝、肾等多脏器功能障碍。

氯气对人的急性毒性与空气中氯气浓度有关。

（二）中毒症状

氯中毒主要包括皮肤损伤和眼部损伤。皮肤损伤是指接触高浓度氯气或液氯，可引起急性皮炎及灼伤，长期接触低浓度氯气，可引起暴露部位皮肤烧灼、发痒，发生痤疮样皮疹或疱疹。

眼部损伤是指氯气可引起眼痛、畏光、流泪、结膜充血、水肿等急性结膜炎,高浓度时,可造成角膜损伤。

急性中毒主要是根据呼吸系统损害的严重程度划分,一般分为刺激反应、轻度中毒、中度中毒和重度中毒。

(1)刺激反应:出现一过性眼及上呼吸道刺激症状,肺部无阳性体征或偶有少量干性啰音,一般于24 h内消退。

(2)轻度中毒:主要表现为支气管炎和支气管周围炎,有咳嗽、咳少量痰、胸闷等症状。两肺有干性啰音或哮鸣音,可有少量湿性啰音。肺部X线表现为肺纹理增多、增粗、边缘不清,一般以下肺叶较明显。经休息和治疗,症状可于1~2d内消失。

(3)中度中毒:主要表现为支气管性肺炎、间质性肺水肿或肺泡性肺水肿。眼及上呼吸道刺激症状加重,胸闷、呼吸困难、阵发性呛咳、咳痰,有时咳粉红色泡沫痰或痰中带血,伴有头痛、乏力及恶心、食欲不振、腹痛、腹胀等胃肠道反应。轻度紫绀,两肺有干性或湿性啰音,或两肺弥漫性哮鸣音。上述症状经休息和治疗2~10 d后会逐渐减轻而消退。

(4)重度中毒:在临床表现或胸部X线表现中具有下列情况之一者,即属重度中毒。

临床表现:吸入高浓度氯气数分钟至数小时出现肺水肿,可咳大量白色或粉红色泡沫痰,呼吸困难,胸部紧束感,明显发绀,两肺有弥漫性湿性啰音;喉头、支气管痉挛或水肿造成严重窒息;休克及中度、深度昏迷;反射性呼吸中枢抑制或心跳骤停所致猝死;出现严重并发症,如气胸、纵隔气肿等。

胸部X线表现:主要呈广泛、弥漫性肺炎或肺泡性肺水肿。有大片状均匀密度增高阴影,或大小与密度不一、边缘模糊的片状阴影,广泛分布于两肺叶,少数呈蝴蝶翼状。重度氯中毒后,可发生支气管哮喘或喘息性支气管炎。后者是由于盐酸腐蚀形成瘢痕所致,难以恢复,并可发展为肺气肿。

(三)急救措施

(1)皮肤接触时,按酸灼伤进行处理。应立即脱去(祛除)污染的衣着,用大量流动清水冲洗。氯痤疮可用地塞米松软膏涂患处。

(2)眼睛接触时,提起眼睑,用流动清水或生理盐水彻底冲洗,滴眼药水。

（3）若吸入，则应迅速脱离现场至空气新鲜处。如果呼吸心跳停止，应立即进行人工呼吸和胸外心脏按压术。

（4）解毒治疗。

①合理氧疗：使动脉氧分压维持在8~10 kPa，血氧饱和度大于90%。发生严重肺水肿或急性呼吸窘迫综合症时，给予鼻面罩持续正压通气（CPAP）或呼气末正压通气（PEEP）疗法。呼气末压力不宜超过0.49 kPa（5 cm H_2O），还须注意对心肺的不利影响，心功能不全者慎用。

②糖皮质激素：应用原则是早期（吸入后即用）、足量（每天用地塞米松10~80 mg）和短程，以防治肺水肿。

③维持呼吸道通畅：可给予支气管解痉剂和药物雾化吸入，如沙丁胺醇、丙酸倍氯米松等气雾剂，β2兴奋剂，如特布他林等，必要时可以进行气管切开术。

④去泡沫剂：肺水肿时可用二甲基硅油气雾剂0.5~1瓶，咳泡沫痰者用1~3瓶。酒精作为去泡沫剂虽有一定疗效，但可能会加重黏膜刺激。

⑤控制液体入量：早期应适当控制进液量，慎用利尿剂，一般不用脱水剂。

第八节 液氨事故应急救援

液氨，又称为无水氨，是一种无色液体。氨作为一种重要的化工原料，在工业上应用广泛。为运输及储存便利，通常将气态的氨气通过加压或冷却得到液态氨。

熟悉了解液氨的基本特性，有利于正确认识来自液氨的危险，进行人身安全防护和掌握液氨事故的正确处置措施。

一、液氨的理化性质及危险特性

（一）氨的理化性质

氨，气体，分子式为NH_3，相对分子质量为17.03，无色，有刺激性恶臭，气态相对密度为（空气=1）0.59，液态相对密度为（水=1）0.706 7

（25℃），熔点为-77.7℃,沸点为-33.4℃,蒸气压为882 kPa（20℃）,1%水溶液pH值为11.7,自燃点为651.11℃,最易引燃浓度为17%,最小引燃能量为0.77 mJ（体积分数为21.8%时）。在常温时,适当压力下可液化成液氨,同时释放出大量的热,当压力减低时,则气化而逸出,同时吸收周围大量的热,具有可缩性和膨胀性。氨气与空气混合时具有爆炸性,爆炸极限为15.7%~27.4%,最大爆炸压力为0.58 MPa,产生最大爆炸压力体积分数为22.5%。具有腐蚀毒害性和窒息性,空气中最高允许质量浓度为30 mg/m³。极易溶于水、乙醇和乙醚,水溶液呈碱性,氧化性较强,还具有静电性和扩散性。氨的应用范围十分广泛,工业生产涉及石油精炼、制造硝酸、炸药、合成纤维、氮肥、染料、医药以及氰化物等,还可用于金属热处理等,又可用作制冷剂。

（二）氨的化学危险性

1.易燃易爆性

氨气属于压缩气体和液化气体类,具有易燃易爆性、静电性、可缩性和膨胀性。氨燃烧热为2.37~2.51 J/m³,临界温度为132.5℃,临界压力为11.399 MPa,在空气中的含量达11%~14%时,遇明火即可燃烧,有油类存在时,更增加燃烧危险。当空气中氨的体积分数达15.7%~27.4%时,遇很小能量的火源就会引起爆炸,产生很大的爆炸压力。为了便于储运和使用,常将氨液化后储存于压力容器内。如果容器在储运过程中受到高温、曝晒作用,容器内的氨气受热急剧膨胀,容器压力迅速升高,还易发生物理性爆炸,特别是充装时超装、超温、超压,尤其危险易造成事故。同时,氨不稳定,氧化性很强,遇热分解,与氟、氯等接触发生剧烈化学反应,还易发生次生事故。

2.腐蚀毒害性

氨气具有腐蚀作用,能腐蚀容器设备,严重时可导致容器设备裂缝、漏气。在空气中达到一定浓度,易造成人体中毒和灼伤,通过吸收皮肤组织中的水分,使组织蛋白变性,造成组织永久性坏死;进入人体血液,与血红蛋白结合,破坏运氧功能而导致人体中毒。氨的容量浓度为50 mg/m³以上时,鼻咽部有刺激感和眼部灼痛感,质量浓度为500 mg/m³以上时,短时内即出现强烈刺激症状,质量浓度为1 500 mg/m³以上时,可危及生命,质量浓度为3 500 mg/m³以上时,会即时死亡,缺氧时会加强氨的毒性作用。质量浓度过高时,除腐蚀作用外,还可通过三叉神经末梢的反向作用而引起心脏停搏和呼吸停止导致死亡。

3.易气化扩散性

氨气比空气轻,扩散系数为0.198,沸点为-33.4℃。常温下呈气态,加压到1.554 MPa或冷却到-33.4℃时可变成液态。液氨在高压或低温状态下储存,一旦储运过程中容器阀门损坏或者容器破裂发生泄漏,液氨会迅速气化,体积迅速扩大,氨气随风飘移,易形成大面积污染区和燃烧爆炸区。液氨气化需要吸收大量的热,使环境温度迅速降低,可导致事故现场人员发生冻伤。氨泄漏还可造成大范围的空气污染,如果大量泄漏流入江河、湖泊、水库等水域,则可造成大面积水体污染。

4.泄漏事故处置难度大

由于氨储存运输的方式不同、容器的压力不同、温度不同及发生泄漏的部位、裂口大小不同等,相对采取堵漏、倒罐等措施时的技术要求也不同,操作复杂,危险性大,泄漏处置难度大。因此应首先加强安全防火措施,预防发生泄漏和火灾爆炸事故。

液氨泄漏事件多有发生。液氨泄漏事故发生后,消防人员需花费大量时间进行喷水冷却,排除爆炸危险,稀释毒性。泄漏的氨气迅速外泄扩散,易造成事发现场附近群众因吸入气体,导致不同程度中毒。对消防水需进行无害化处置,使液氨对环境产生影响减少到最低程度。

二、液氨的中毒与急救

(一)毒性及中毒机理

液氨半致死剂量为350 mg/kg(大鼠经口),半致死质量浓度为1 390 mg/m³(大鼠吸入,4 h)和2 941 mg/m³(小鼠吸入,1 h),液氨人类经口最低中毒量为0.15ml/kg,液氨人类吸入最低致死量为3 476 mg/m³(5 min)。化学物即刻致人生命或健康危险的质量浓度209 mg/m³。

氨进入人体后会阻碍三羧酸循环,降低细胞色素氧化酶的作用,致使脑氨增加,可产生神经毒作用。高浓度氨可引起组织溶解坏死作用。

(二)接触途径及中毒症状

1.吸入

吸入是接触的主要途径。氨的刺激性是可靠的有害浓度报警信号。

但由于嗅觉疲劳,长期接触后对低浓度的氨会难以察觉。

(1)轻度吸入氨中毒表现有鼻炎、咽炎、气管炎、支气管炎。患者有咽灼痛、咳嗽、咳痰或咯血、胸闷和胸骨后疼痛等症状。

(2)急性吸入氨中毒的发生多由意外事故如管道破裂、阀门爆裂等造成。急性氨中毒主要表现为呼吸道黏膜刺激和灼伤。其症状根据氨的浓度、吸入时间以及个人感受性等而轻重不同。

(3)严重吸入中毒可出现喉头水肿、声门狭窄以及呼吸道黏膜脱落,可造成气管阻塞,引起窒息。吸入高浓度可直接影响肺毛细血管通透性而引起肺水肿。

2.皮肤和眼睛接触

(1)低浓度的氨对眼睛和潮湿的皮肤能迅速产生刺激作用。潮湿的皮肤或眼睛接触高浓度的氨气能引起严重的化学烧伤。

(2)皮肤接触可引起严重疼痛和烧伤,并能发生咖啡样着色。被腐蚀部位呈胶状并发软,可发生深度组织破坏。

(3)高浓度蒸气对眼睛有强刺激性,可引起疼痛和烧伤,导致明显的炎症并可能发生水肿、上皮组织破坏、角膜混浊和虹膜发炎。轻度病例一般会缓解,严重病例可能会长期持续,并发生持续性水肿、疤痕、永久性混浊、眼睛膨出、白内障、眼睑和眼球粘连及失明等并发症。多次或持续接触氨会导致结膜炎。

(三)急救措施

1.清除污染

(1)如果患者只是单纯接触氨气,并且没有皮肤和眼的刺激症状,则不需要清除污染。假如接触的是液氨,并且衣服已被污染,应将衣服脱下并放入双层塑料袋内。

(2)如果眼睛接触或眼睛有刺激感,应用大量清水或生理盐水冲洗20 min以上。如在冲洗时发生眼睑痉挛,应慢慢馒滴人1~2滴0.4%奥布卡因,继续充分冲洗。如患者戴有隐形眼镜,又容易取下并且不会损伤眼睛的话,应取下隐形眼镜。

(3)应对接触的皮肤和头发用大量清水冲洗15 min以上。冲洗皮肤和头发时要注意保护眼睛。

2.病人复苏

应立即将患者转移出污染区,对病人进行复苏三步法(气道、呼吸、循环)。

(1)气道:保证气道不被舌头或异物阻塞。

(2)呼吸:检查病人是否呼吸,如无呼吸可用袖珍面罩等提供通气。

(3)循环:检查脉搏,如没有脉搏应施行心肺复苏。

3.初步治疗

氨中毒无特效解毒药,应采用支持治疗。

(1)如果接触质量浓度大于 348 mg/m³,并出现眼刺激、肺水肿的症状,则推荐采取以下措施:先喷 5 次地塞米松(用定量吸入器),然后每 5 min 喷两次,直至到达医院急症室为止。

(2)如果接触质量浓度大于 1 045 mg/m³,应建立静脉通路,并静脉注射 1.0g 甲基泼尼松龙或等量类固醇。(注意:在临床对照研究中,皮质类固醇的作用尚未证实。)

(3)对氨吸入者,应给湿化空气或氧气。如有缺氧症状,应给湿化氧气。

(4)如果呼吸窘迫,应考虑进行气管插管。当病人的情况不能进行气管插管时,如条件许可,应施行环甲状软骨切开术。对有支气管痉挛的病人,可给支气管扩张剂喷雾,如叔丁喘宁。

(5)如皮肤接触氨引起化学烧伤,可按热烧伤处理:适当补液,给止痛剂,维持体温,用消毒垫或清洁床单覆盖创面。如果皮肤接触高压液氨,要注意冻伤。

三、液氨事故处置

(一)消防指挥中心接警出动

消防指挥中心接警时应详细询问事故发生的时间、地址、泄漏物名称及载体、泄漏量、是否发生燃烧爆炸、危险程度、有无人员伤亡等情况。及时准确调出防化车、抢险救援车,并通知公安、医疗救护等部门及有关专家协助进行现场救援。进入事故现场的人员必须配备隔绝式空气呼吸器,穿好气密性消防防化服;进入低温泄漏场所直接接触液氨时应穿防寒服,紧急时也可穿棉衣棉裤,扎紧裤、袖管,并用浸湿口罩捂住口鼻,防止发生冻伤和中毒①。

（二）认真询问并实地检测泄漏情况

消防人员到达事故现场后，要向当事人详细询问现场有无伤亡和被困人员；泄漏的部位、形态、泄漏量；有无堵漏设备，是否采取堵漏措施，能否实施堵漏或倒罐；如在储罐区内，应了解总体布局、总储量、泄漏罐容量、实际储量、泄漏量、邻近罐储量等。随后展开实地检查，查明扩散区域及周围有无火源，用仪器测定现场的气体浓度、扩散范围、风力和风向，确定遇险和被困人员位置，制定事故处置的具体方案。

（三）确定警戒区和进攻路线

综合现场情况，首先确定警戒区域，设立标志，确定警戒人员。救援车辆和人员停靠在较高地势和上风（或侧上风）方向，与污染区域保持适当距离，消防车头应背向泄漏源，出现突发情况可迅速撤离。在上风、侧上风方向选择进攻路线，设立水枪阵地和现场指挥位置，处置全程选用喷雾或开花水流进行稀释，并实施动态检测，随时调整警戒范围。禁止一切火源、电源，人员不得穿化纤类服装、带铁钉的鞋子，不准携带铁质工具进入警戒区内。同时，必须关闭手机、普通电台等移动通信设备。设立安全监护员，对现场实施全程监护，及时洞察危险动态，严防引发燃烧、爆炸、中毒、冻伤或其他伤害，发现危险情况危及救援人员生命安全时，及时通知指挥员果断下令撤离现场。警戒区严格控制人员、车辆出入。

（四）迅速组织疏散和现场急救

救援人员要迅速疏散泄漏区域及可能的扩散区域内的一切无关人员；迅速组成救生小组，携带救生器材进入危险区域，救出遇险人员至安全区域进行登记，中毒人员经洗消后立即交由医务救护部门进行现场急救，轻微中毒者应立即移至空气新鲜处，伤情较重者经初步处理后迅速送往医院救治。

（五）采取措施排除险情

1.禁火抑爆

根据具体情况迅速清除警戒区内所有火源、电源、热源和易燃物以

---

① 龙梅. 液氨储罐火灾爆炸及泄漏事故后果的分析评价[J]. 化工管理，2018（29）：65-66.

及能与之反应的氟、氯等化学物品,难以转移的应采取保护措施,并加强通风,防止引起爆炸燃烧。

2.稀释驱散

在泄漏的储罐或容器的四周设置喷雾水枪,用大量的喷雾水、开花水流进行稀释,并用一定数量的喷雾水枪向地面和空中喷雾,抑制氨气的飘流方向和飘散高度。使用移动排烟机送风配合,稀释驱散飘浮的气云,室内要加强自然通风和机械排风。如果有蒸气管线条件的,可施放蒸气来稀释泄漏的气体。应防止泄漏物进入下水道、地下室、密闭性空间和江河、湖泊等水体。

3.关阀断源

储运装置发生氨泄漏,应严格选择专业人员和熟悉情况的人员负责关闭管道阀门,切断泄漏途径,消防人员负责用开花或喷雾水枪掩护并协助操作。

4.器具堵漏

管道壁发生泄漏,不能关阀止漏时可使用不同形状的堵漏垫、堵漏楔、堵漏袋等器具实施封堵。微孔跑冒滴漏可用螺丝钉加黏合剂旋入孔内的方法堵漏;罐壁撕裂发生泄漏,可用充气袋、充气垫等专用器具从外部包裹堵漏;带压管道泄漏,可用捆绑式充气堵漏带或使用金属外壳内衬橡胶垫等专用器具实施内外堵漏;阀门法兰盘或法兰垫片损坏而发生泄漏,可用不同型号的法兰夹具注射密封胶的方法进行封堵,也可直接使用专门的阀门堵漏工具实施堵漏。管道裂口较小,也可用浸湿的棉织物敷于裂口,利用蒸发吸热原理,自然冰冻止漏。

5.倒罐转移

储罐或容器发生泄漏而无法堵漏时,可将液氨倒入其他容器或储罐转移。在罐区,有倒罐条件的应及早进行。槽车等发生泄漏,在条件允许的情况下,可转移到具有倒罐条件的地方进行。倒罐、转移必须在喷雾水枪的掩护下进行,以确保安全。氨的储运装置有的温度低,有的压力高,操作复杂,危险性大,因此,倒罐要由熟悉设备、熟悉工艺、操作经验丰富的专业技术人员进行,消防救援人员应切忌盲目操作,必须在专业技术人员的指导配合下行动。

6.水解中和

如是体积较小的液氨钢瓶阀门损坏而发生泄漏,处置时应用无火花工具,尽量使泄漏口朝上,以防氨气加快泄漏。关阀和堵漏措施无效时,可将钢瓶浸入水或稀酸溶液中进行中和,或转移至空旷地带洗消处理,但要防止造成其他水体污染。如是储罐或容器壁发生小量泄漏,可在消防车水罐中加入酸性物质向罐体或容器喷射,也可将泄漏的液氨导致酸性溶液中使其中和,用化学中和法减轻危害。

7.火灾处理措施

在储运使用过程中如发生火灾时,应建立 500 m 左右警戒区,并在通往事故现场的主要干道上实行交通管制,应用雾状水、开花水流、抗溶性泡沫、砂土或二氧化碳进行扑救,同时注意用大量的直射水流冷却容器壁。若有可能,应尽快将可移动的物品转移出火场。储罐火灾时,尽可能远距离灭火或使用遥控水枪或水炮扑救,切勿直接对泄漏口或安全阀门喷水,防止产生冻结。若出现容器通风孔声音变大或容器壁变色、安全阀发出声响或变色等危险征兆,则应立即撤离,切勿在储罐两端停留。

（六）洗消处理及清理移交

按照"消毒要及时、彻底、有效,尽可能不损坏染毒物品,尽快恢复其使用价值"的原则,结合氨的理化性质,严格按照洗消程序和标准进行洗消。场地洗消可采用化学消毒法洗消,即用酸性溶液喷洒在污染区域或受污染物表面,通过化学反应达到无毒或低毒。也可用吸附垫、活性炭等具有吸附能力的物质进行物理消毒;对污染的空气可暂时封闭污染区,依靠日晒、雨淋、通风等使毒气消失;还可喷射雾状水进行稀释降毒。凡是进入污染区内的车辆、器材、人员都必须进行洗消。洗消站设立在危险区与安全区交界处,有皮肤接触者应脱去被污染的衣物,用2%硼酸液或大量清水彻底冲洗;如眼睛有接触,应提起眼睑,用大量流动清水或生理盐水进行彻底冲洗至少 15 min。洗消结束后,必须及时清点人员、车辆及器材,并撤除警戒,做好移交工作。

参考文献

[1]白孝荣,高刚.密闭电石炉电极事故原因及处理[J].中国金属通报,2021(16):257-258.

[2]曾玉花.浅谈液态氰化物应急事故处理的几点建议[J].资源节约与环保,2014(4):77.

[3]柴利君.浅谈放射对人体危害[J].世界最新医学信息文摘,2020(23):187-188.

[4]崔政斌,范拴红.危险化学品企业安全标准化[M].北京:化学工业出版社,2017.

[5]崔政斌,石方惠,周礼庆.危险化学品企业应急救援[M].北京:化学工业出版社,2017.

[6]冯智勤,崔上上.对一起苯及苯系物中毒事故的反思[J].中国城乡企业卫生,2010(6):85-86.

[7]韩世奇,王岳峰.危险化学品事故应急救援与处置[M].大连:大连理工大学出版社,2019.

[8]韩志跃.危险化学品概论及应用[M].天津:天津大学出版社,2018.

[9]何天平.危险化学品从业单位安全标准化指导手册[M].南京:东南大学出版社,2008.

[10]何同庆.浅析硫酸生产中可能发生的危险化学品事故及后果计算[J].绿色环保建材,2018(8):184,186.

[11]蒋清民,刘新奇.危险化学品安全管理[M].北京:化学工业出版社,2015.

[12]李京祥.危险化学品应急救援与处置的实践探索[J].大科技,2019(16):227-228.

[13]李湘丽,陈瑾,孙镔.常运易燃液体安全管理阐述[J].遵义师范学院学报,2021(2):66-68.

[14]李晓飞.浅议可燃粉尘燃烧爆炸的预防[J].山东工业技术,2016(16):61.

[15]临沭县应急管理局.临沭县化工行业危险化学品重大危险源安全管理调研报告[J].山东化工,2021(24):197-198,201.

[16]龙梅.液氨储罐火灾爆炸及泄漏事故后果的分析评价[J].化工管理,2018(29):65-66.

[17]陆春荣,张斌.危险化学品企业安全员工作指导[M].北京:中国劳动社会保障出版社,2009.

[18]吕基旺.化工企业液氯泄漏事故应急处置方法对策[J].科技风,2011(21):95.

[19]吕剑薇.危险化学品运输风险及合理应对方式研究[J].科技资讯,2019(17):194,198.

[20]曲福年.危险化学品从业单位安全生产标准化指导手册[M].北京:化学工业出版社,2018.

[21]任文华.钢罐瓶装压缩气体和液化气体的安全储运管理[J].中国金属通报,2020(7):260-261.

[22]孙维生.易燃固体的危害及其防治[J].职业卫生与应急救援,2007(5):242-243.

[23]唐友.危险化学品的火灾爆炸危险性分析[J].煤化工,2006(4):51-53.

[24]王定军.工贸企业危险化学品存储常见隐患[J].劳动保护,2017(7):68-69.

[25]王所荣.化学物质的安全性和毒性[M].北京:中国展望出版社,1990.

[26]王卫东,邵辉.危险化学品安全生产管理与监督实务[M].北京:中国石化出版社,2011.

[27]王小辉.危险化学品安全技术与管理[M].北京:化学工业出版社,2016.

[28]夏良,周永安,胡伟康.液化石油气事故分析及对策[J].山东化工,2020(5):247-248,250.

[29]艳琼.危险化学品分类之五——氧化剂和有机过氧化物[J].湖南安全与防灾,2003(4):38.

[30]袁斌,宋文华,张玉福.有机酸性腐蚀品生产危险性分析[J].工业安全与环保,2007(33):50-53.

[31]张国建,唐朝纲.危险化学品灾害事故应急救援指导手册[M].昆明:云南科学技术出版社,2016.

[32]张宏宇,王永西.危险化学品事故消防应急救援[M].北京:化学工业出版社,2019.

[33]张金明,杨鹏飞,栾国华.基于液化天然气槽车泄漏事故的应急处置研究[J].油气田环境保护,2022(5):55-58,61.

[34]张晓.危险化学品安全技术与管理研究[M].长春:吉林科学技术出版社,2019.